高等职业教育“十二五”规划教材
21世纪高职高专规划教材（土建类）

建筑制图与识图习题集

主　编　卢　扬　顾　凯
副主编　李玉涛
参　编　李江华　刁　静　王玉卓　范国辉　孙荣荣
　　　　葛德平　张光明　姚　遥　段跃君　周丽珍

机械工业出版社

本书是《建筑制图与识图》（卢扬、李玉涛主编）的配套习题集，针对教材中相关能力训练点而编写。本书主要包括制图的基本知识，投影的基本知识，点、直线和平面的投影，基本体的投影，组合体的投影，建筑形体的表达方式，建筑施工图，结构施工图等专题训练。

本书可作为高职土建类专业的教材，也可作为相关专业人员的参考书。

图书在版编目（CIP）数据

建筑制图与识图习题集/卢扬，顾凯主编. —北京：机械工业出版社，2012.7（2024.9 重印）
高等职业教育"十二五"规划教材
21 世纪高职高专规划教材（土建类）
ISBN 978-7-111-38338-3

Ⅰ.①建… Ⅱ.①卢…②顾… Ⅲ.①建筑制图-高等职业教育-习题集
Ⅳ.①TU204-44

中国版本图书馆 CIP 数据核字（2012）第 173581 号

机械工业出版社（北京市百万庄大街 22 号 邮政编码 100037）
策划编辑：余茂祚 责任编辑：赵志鹏 版式设计：霍永明
责任校对：刘怡丹 封面设计：马精明 责任印制：常天培
固安县铭成印刷有限公司印刷
2024 年 9 月第 1 版第 10 次印刷
260mm×184mm · 9.25 印张 · 90 千字
标准书号：ISBN 978-7-111-38338-3
定价：29.00 元

凡购本书，如有缺页、倒页、脱页，由本社发行部调换

电话服务	网络服务
服务咨询热线：010-88379833	机 工 官 网：www.cmpbook.com
读者购书热线：010-88379649	机 工 官 博：weibo.com/cmp1952
	教育服务网：www.cmpedu.com
封面无防伪标均为盗版	金 书 网：www.golden-book.com

21世纪高职高专规划教材
编委会名单

前　　言

本书是按照高等职业教育土建类专业人才培养的要求，总结编者多年来从事建筑工程制图教学的经验，特别是对学生进行制图与识图实践训练的教学经验，结合大部分高等职业院校对建筑制图与识图课程改革的需要而编写。本书以建筑工程制图的基本能力培养为切入点，突出实践与应用。

本书由河南工业职业技术学院卢扬、河南省南阳市建设工程质量监督检验站顾凯共同担任主编，河南工业职业技术学院李玉涛担任副主编。河南工业职业技术学院李江华、刁静、王玉卓、范国辉、孙荣荣，浙江工业职业技术学院张光明，肇庆科技职业技术学院葛德平，南阳市建设工程质量监督检验站姚遥、段跃君、周丽珍等参与编写。

主教材第1章未置作业，故本书第1章从略。第2章由刁静、张光明编写，第3章、第4章由李江华、孙荣荣、葛德平编写，第5章、第6章、第7章由卢扬、姚遥、段跃君、周丽珍、范国辉等编写，第8章、第9章由李玉涛、王玉卓、范国辉、顾凯等编写。

由于编者水平有限，书中不足之处在所难免，敬请有关专家、同行和广大读者批评指正。

编　者

目　录

第 2 章　制图的基本知识

2.1　汉字练习

建筑制图民用房屋东南西北方向平立剖面设计说明基

础墙柱梁档板楼梯框架承重结构门窗阳台雨篷勒脚散

坡洞沟槽材料钢筋水泥砂石混凝土砖木灰浆给排水暖

比例尺长宽厚度标高形状大小体积轴线垂直前后左右

2.2 字母、数字练习

A B C D E F G H J K L

1 2 3 4 5 6 7 8 9 0

M N P O R S T U V W

X Y a b c d I V X Φ

班级： 姓名： 学号：

2.3　线型练习

2.3.1　按指定线型补画各矩形

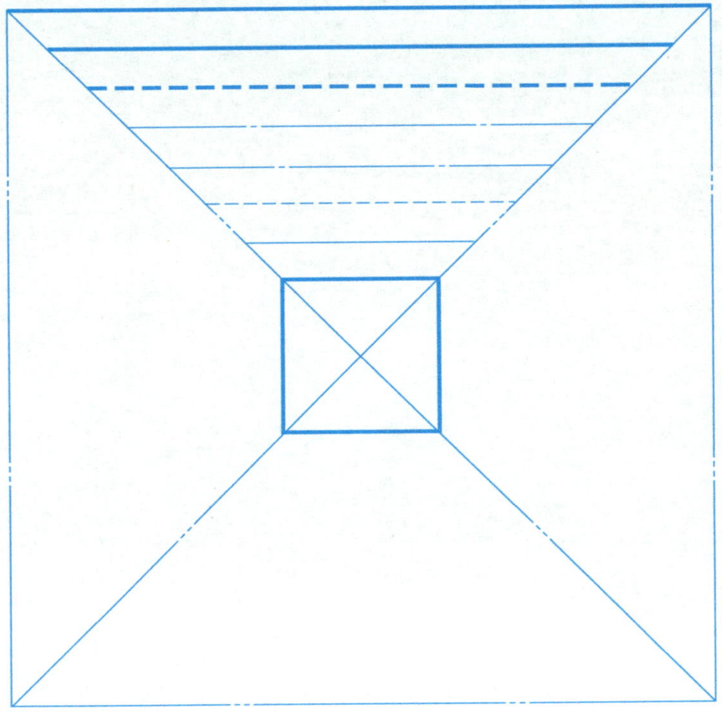

2.3.2　按指定线型补画各圆

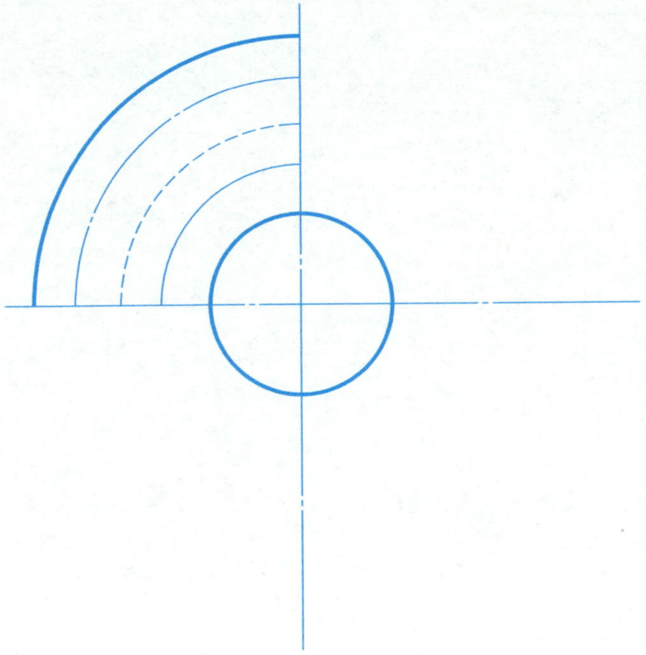

班级：　　　　　　　姓名：　　　　　　　学号：

2.4 抄绘建筑材料图例

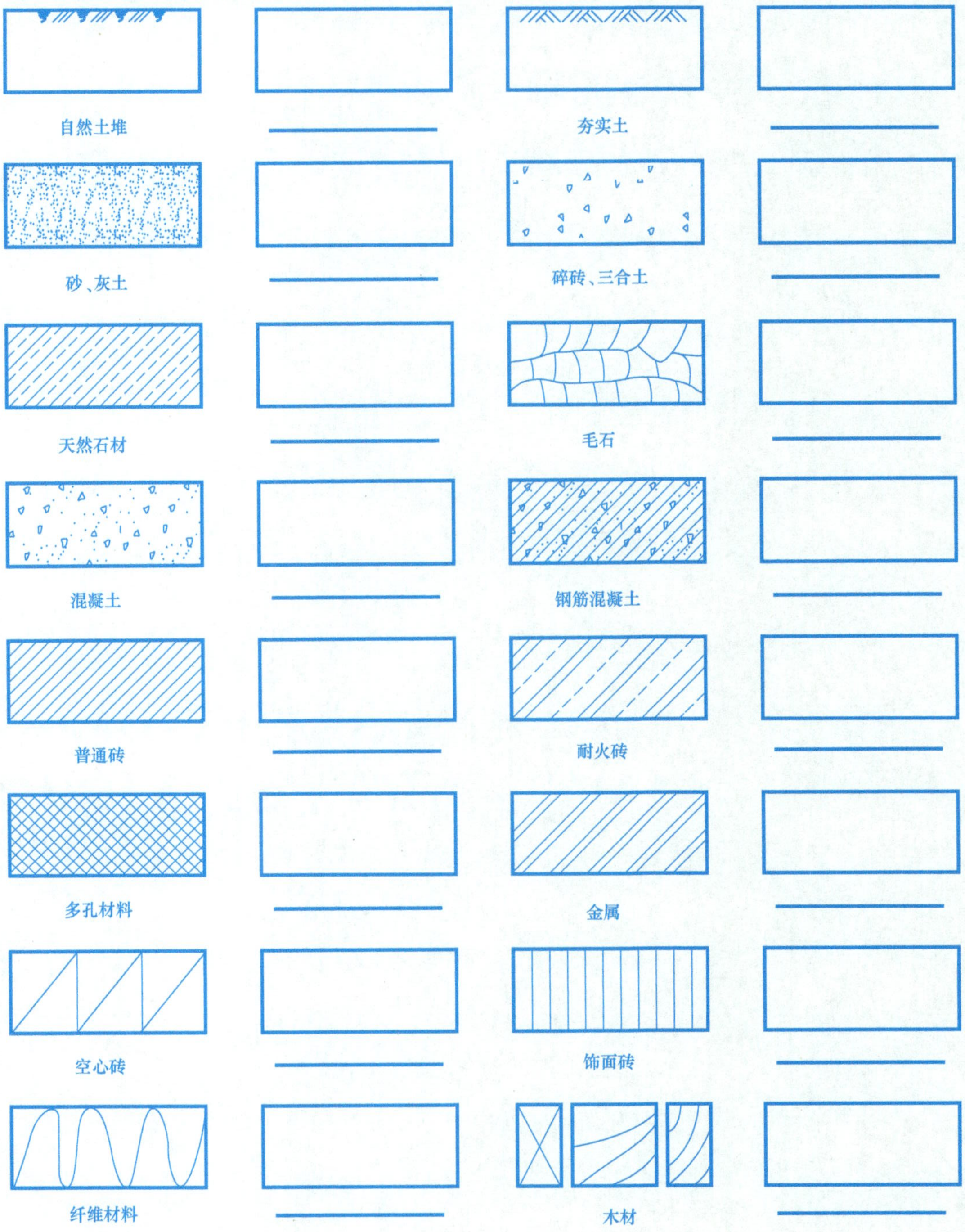

班级： 姓名： 学号：

2.5 尺寸标注练习

2.5.1 检查下图中尺寸注法的错误，将正确的注法标注在右图中

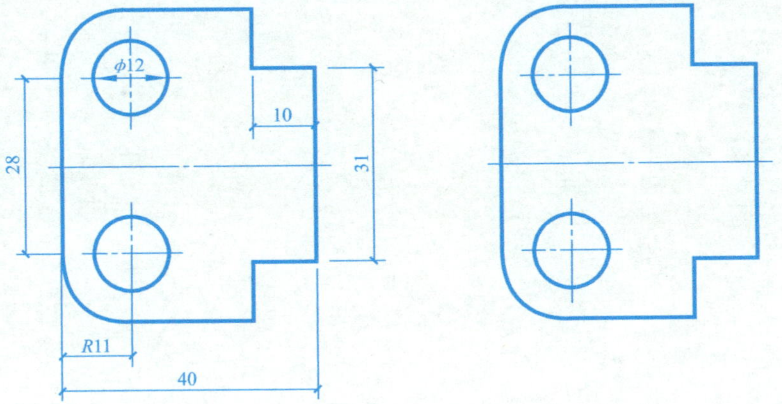

a)

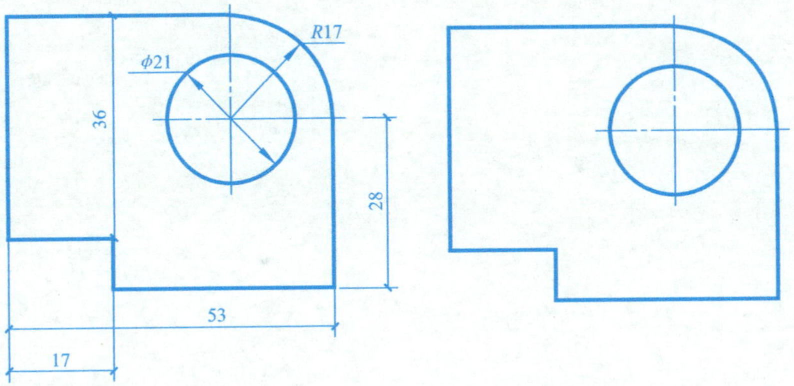

b)

2.5.2 注写下列图形的尺寸（尺寸数字直接在图上量取，以 mm 为单位取整数）

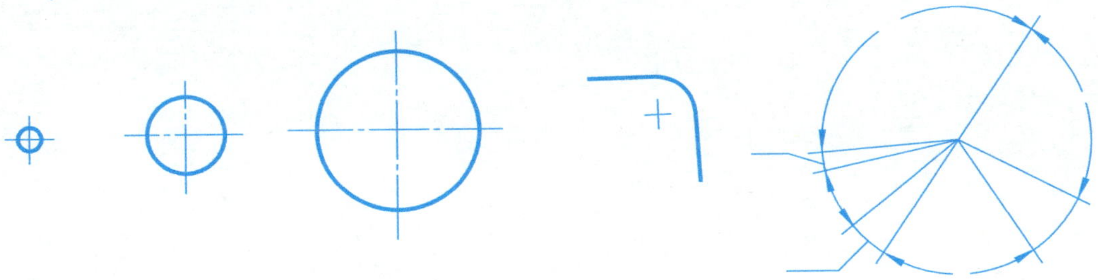

2.6 基本规格练习

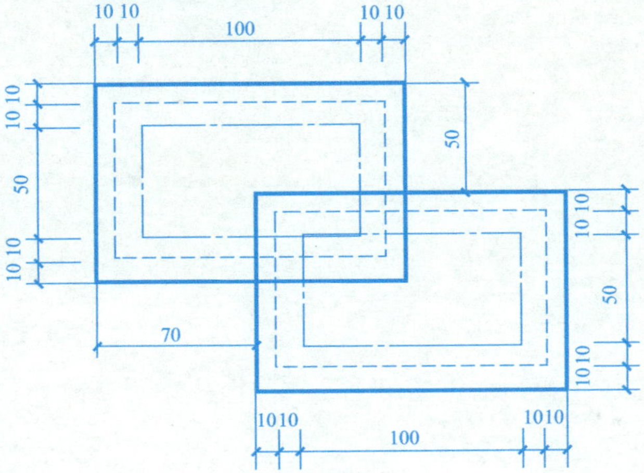

图案(一) 1:2

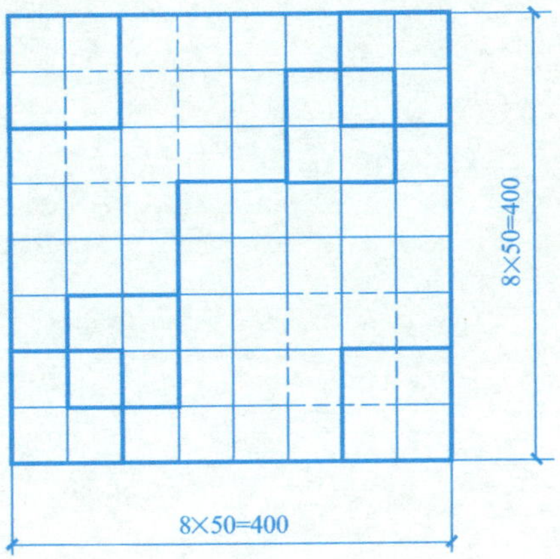

图案(二) 1:5

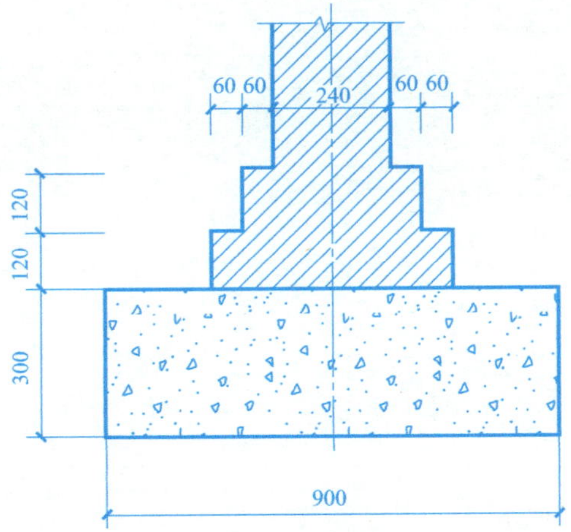

基础 1:10

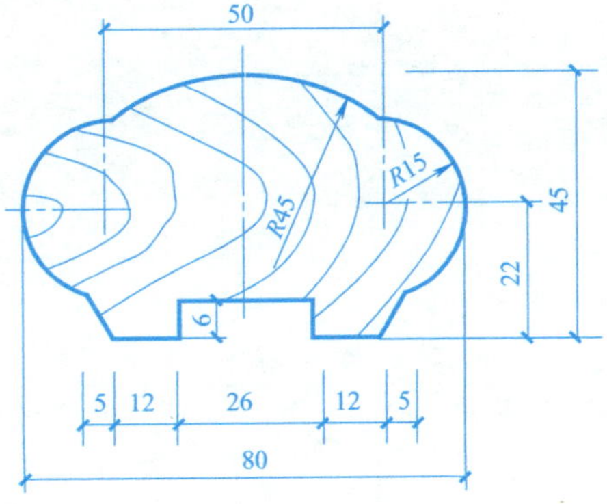

扶手 1:1

作业 基本规格

一、图名

基本规格。

二、目的

1. 了解并遵守制图基本规格（图线、字体、比例、尺寸注法等）。

2. 学习正确使用绘图工具的方法。

三、图纸

A3 幅面绘图纸，铅笔加深。

四、内容

按图中指定的比例，抄绘左侧的四个图形。

五、要求

注意严格遵守制图标准，正确使用工具，培养认真负责的工作态度和严谨细致的工作作风。

六、说明

1. 对于图案（一）和图案（二），应注意交接处的正确画法。

2. 对于基础和扶手的材料图例，应按国家标准的规定画出。

第 3 章　投影的基本知识

3.1　根据三面投影图找对应的立体图

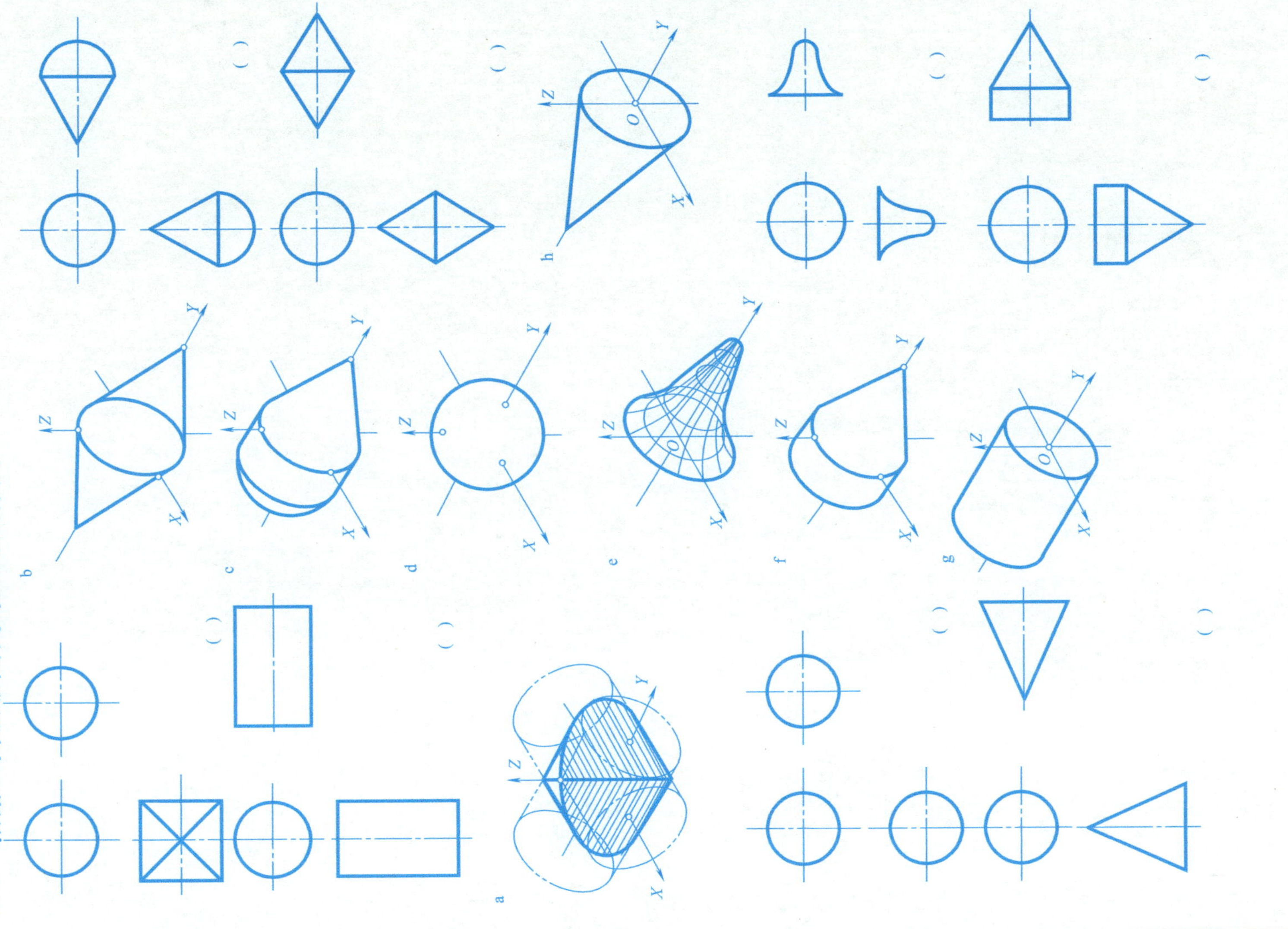

班级：　　　　　　　姓名：　　　　　　　学号：

3.2 根据三面投影图找出对应的立体图

第 4 章　点、直线和平面的投影

4.1　点的投影

4.1.1　根据点的三面投影，作点的直观图（尺寸在图中量取）

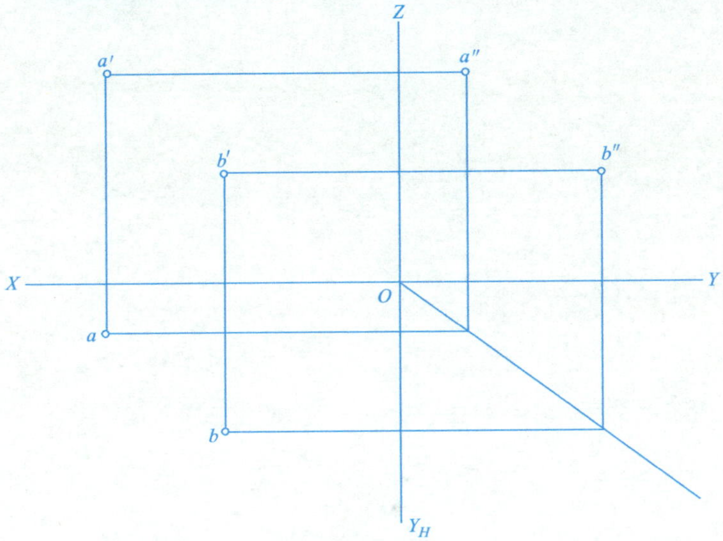

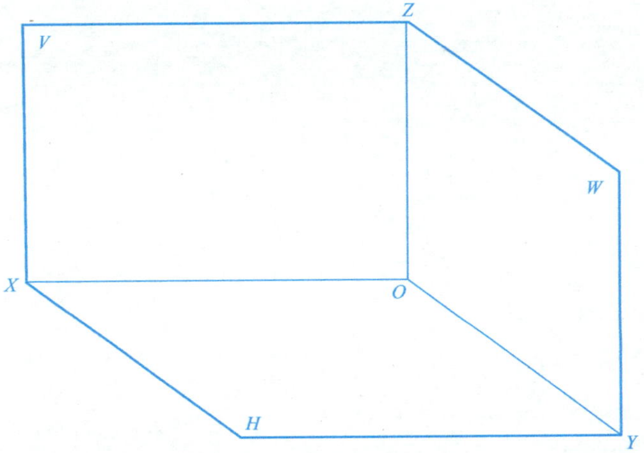

4.1.2 根据点的直观图，作点的三面投影（尺寸在图中量取）

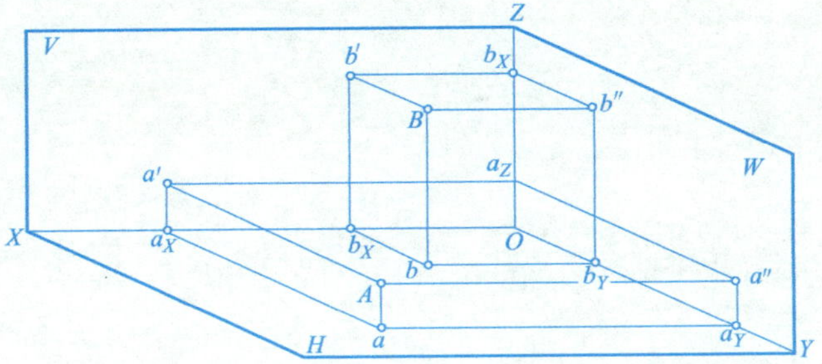

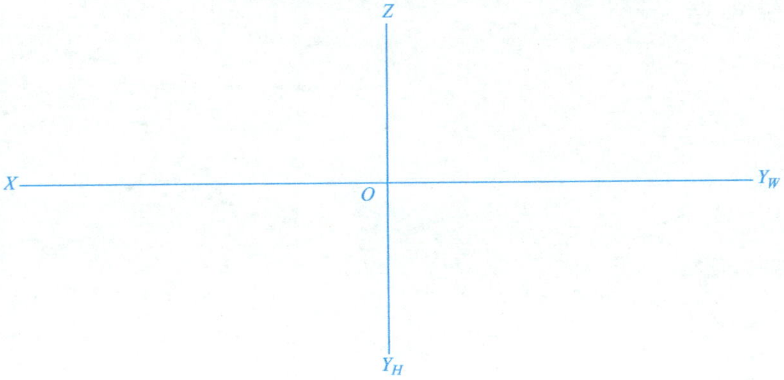

4.1.3 根据点的直观图，作点的投影（尺寸在图中量取）

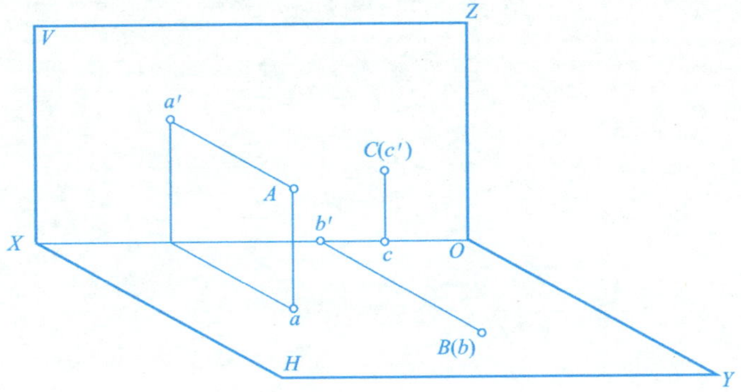

4.1.4　补全点的三面投影，并判断两点在空间的相对位置

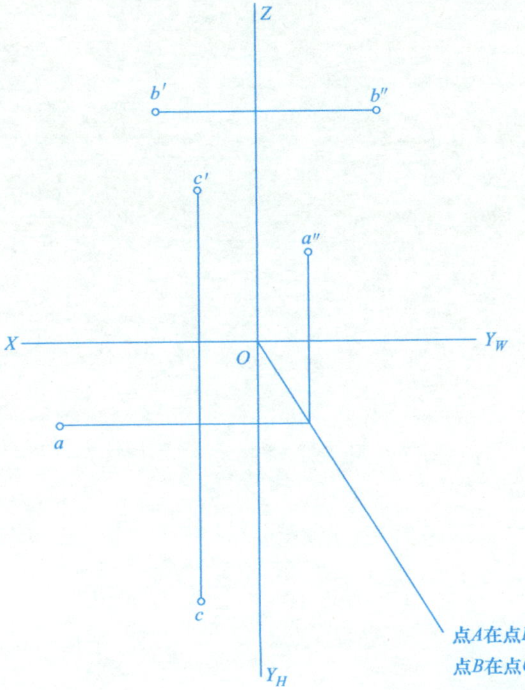

点A在点B的(　　　　)

点B在点C的(　　　　)

点C在点A的(　　　　)

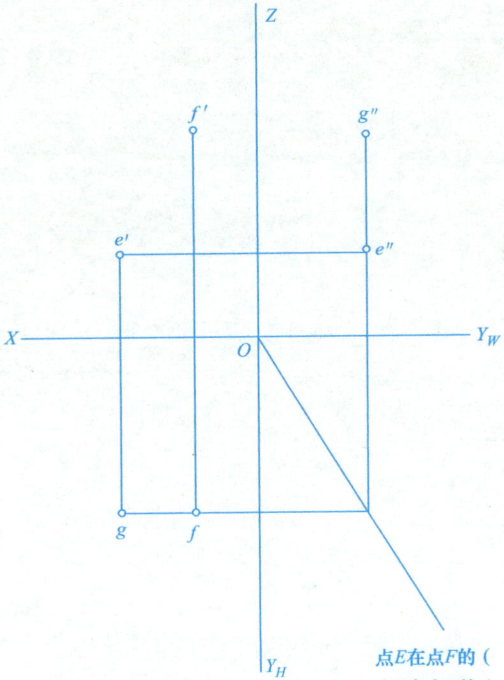

点E在点F的(　　　　)

点F在点G的(　　　　)

点G在点E的(　　　　)

4.1.5 已知点 A 到三面投影面的距离均为 10，点 B 在 H 面上，且点 B 在点 A 前方 10、左方 15，完成 A、B 两点的三面投影

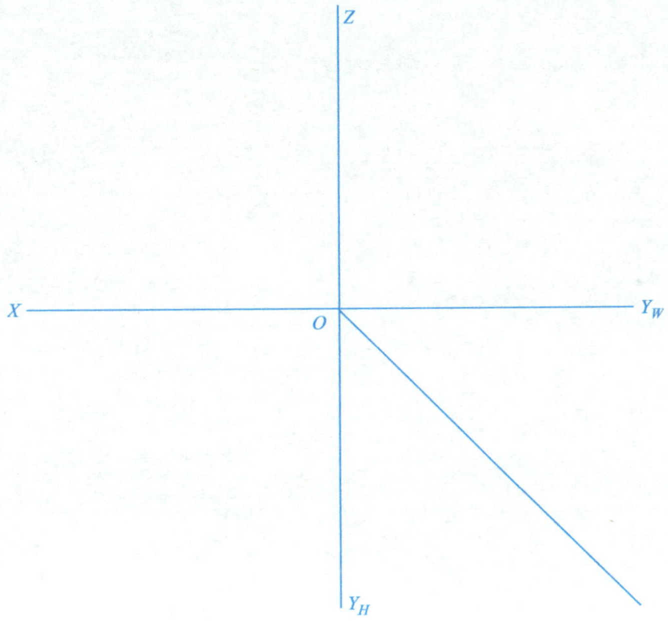

4.1.6 已知点 A 的投影，点 B 在点 A 的正左方 15，点 C 在点 A 的正下方 15，点 D 在点 A 的正前方 15，求 B、C、D 的三面投影，并判断其可见性

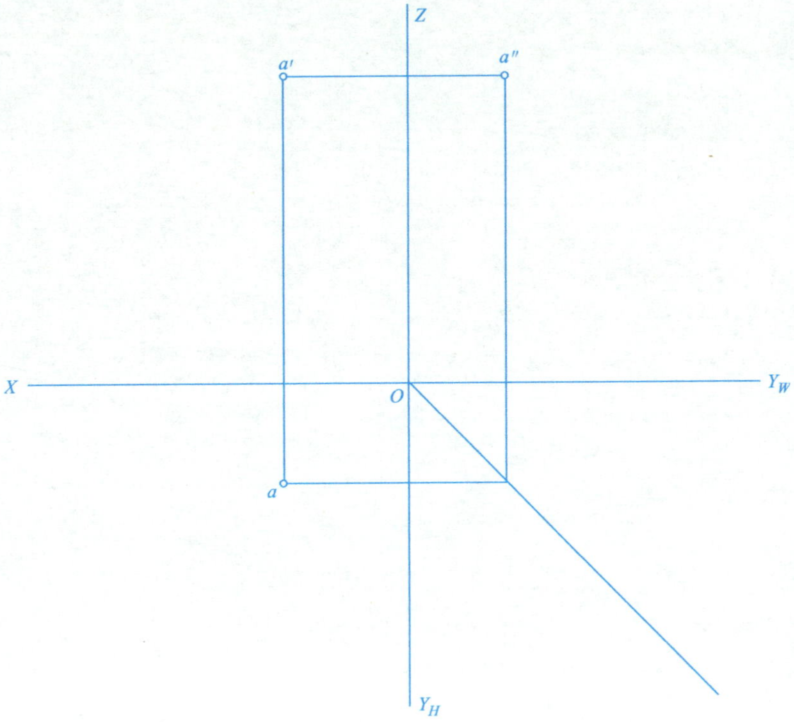

4.1.7 已知点 D（30，0，20）、点 E（0，0，20），点 F 在点 D 的正前方 25，求 D、E、F 的三面投影，并判断其可见性

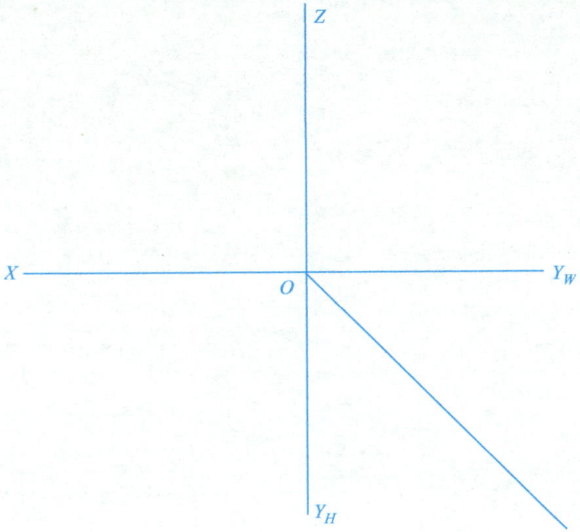

4.1.8 已知点 A（10，10，30）点 B（0，15，20），点 C 在点 A 的左方 10、下方 15、前方 10，求出 A、B、C 的三面投影

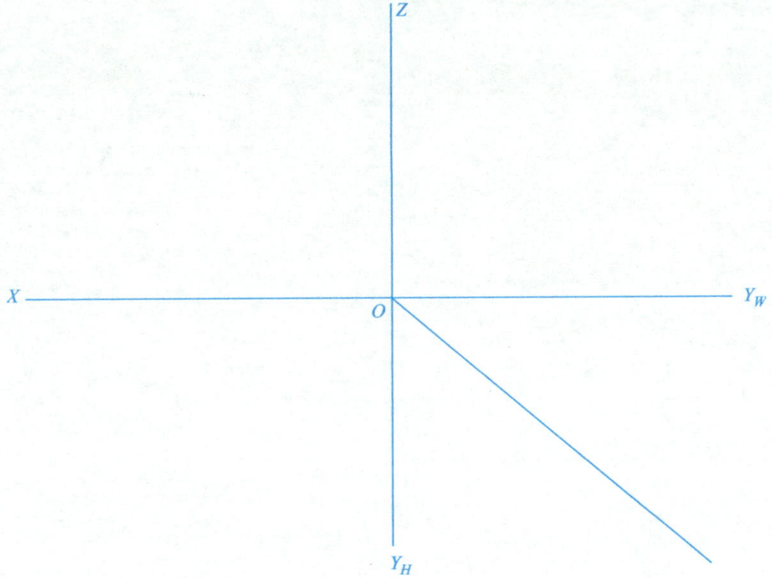

班级：　　　　姓名：　　　　学号：

4.1.9　对照立体图，在三面投影图中注明点 A、B、C 的三面投影

（1）

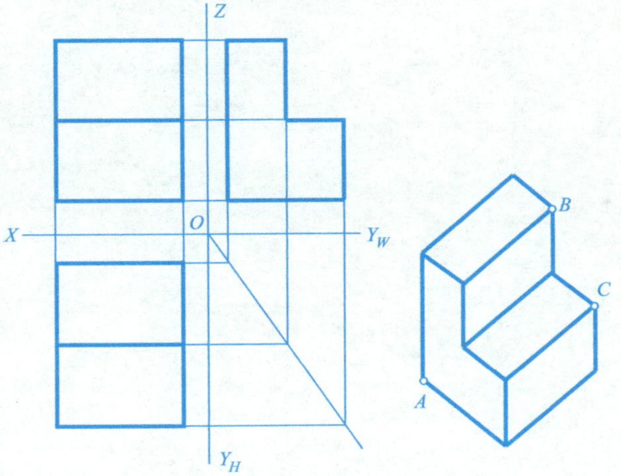

（2）

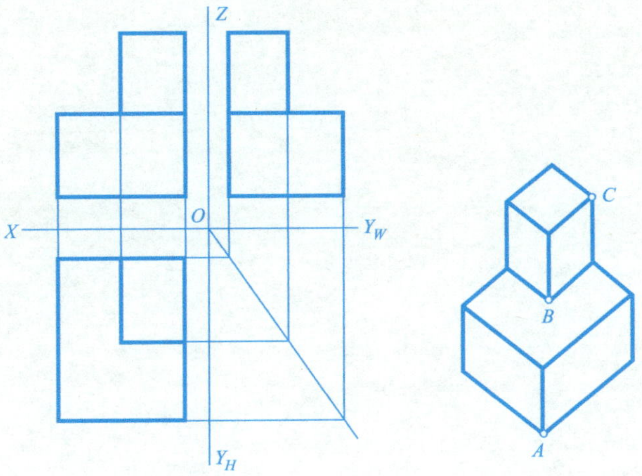

（3）

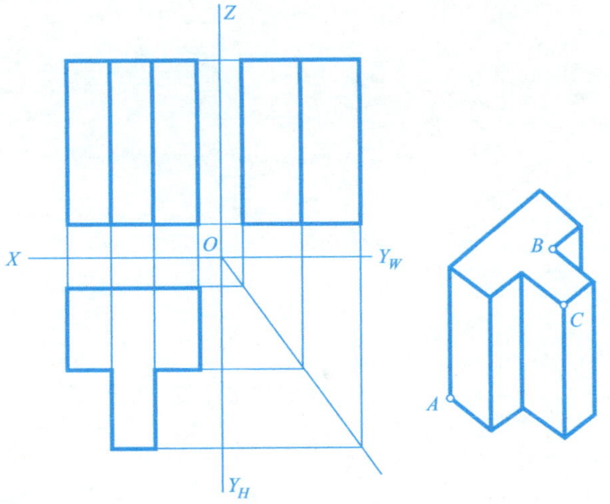

（4）

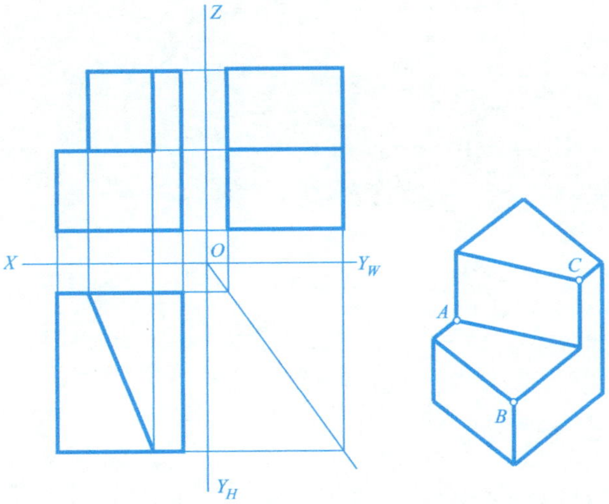

班级：　　　　姓名：　　　　学号：

4.2 线的投影

4.2.1 在下面各题中，试标出立体图上所注线段的三面投影，并写出它们各属于何种空间位置的直线

(1)

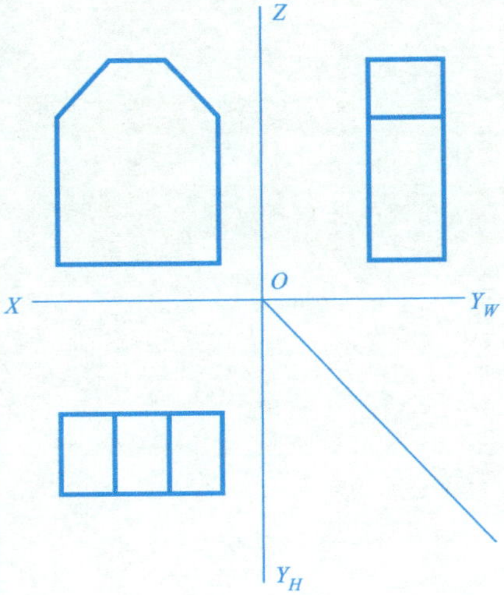

AB 正垂线

BC ________

CD ________

BE ________

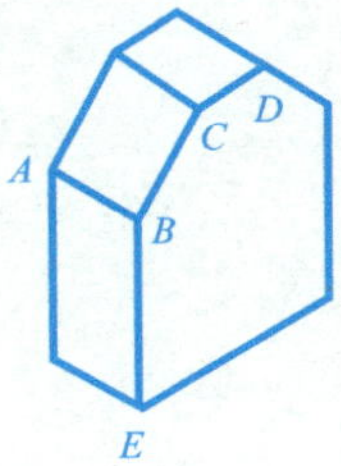

(2)

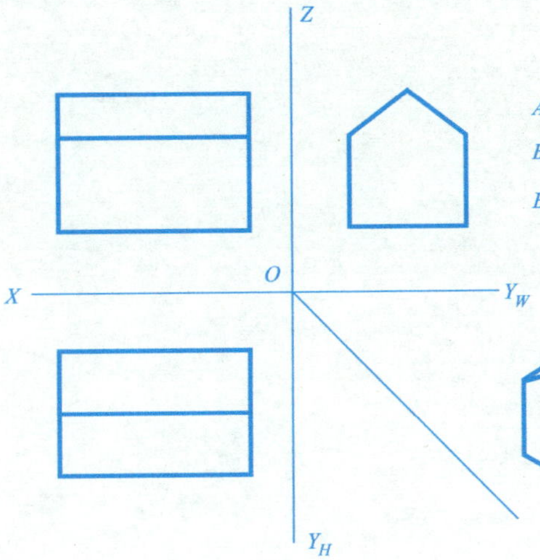

AB ________

BC ________

BD ________

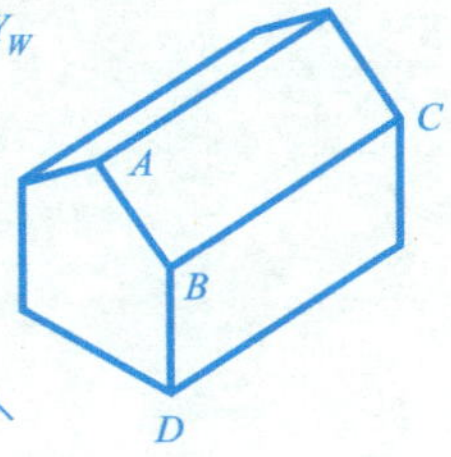

(3)

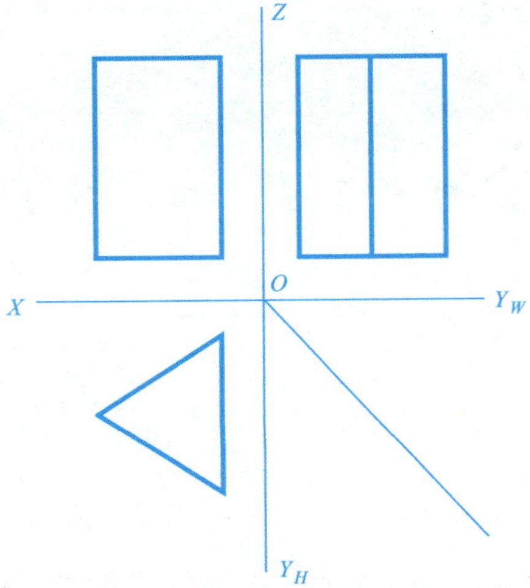

AB ________

BD ________

CA ________

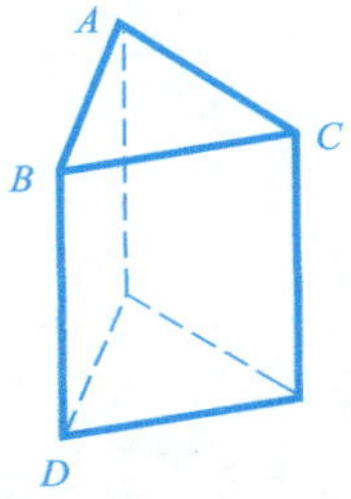

(4)

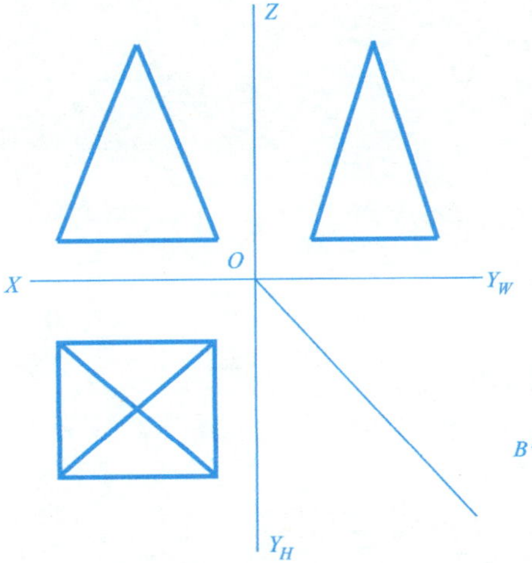

AB ________

BC ________

CD ________

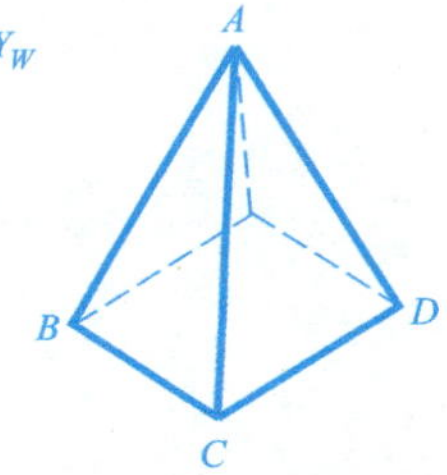

班级： 姓名： 学号：

4.2.2　过点 A 作正平线 AB，实长为 30，$\alpha=30°$

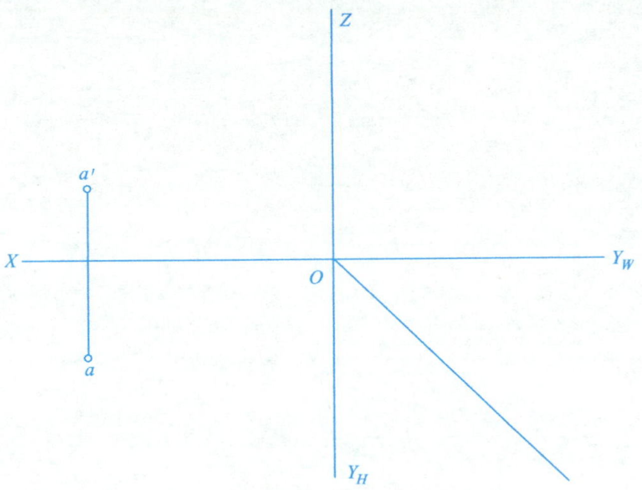

4.2.3　过点 C 作到 W 面的距离为 15、$\alpha=60°$、实长为 25 的侧平线 CD

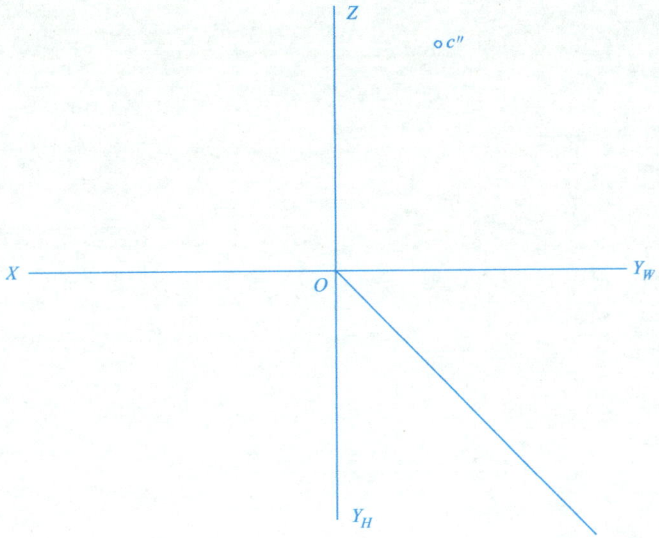

4.2.4　已知点 E（15，5，15），过点 E 作一实长为 20 的正垂线 EF，F 在 E 前

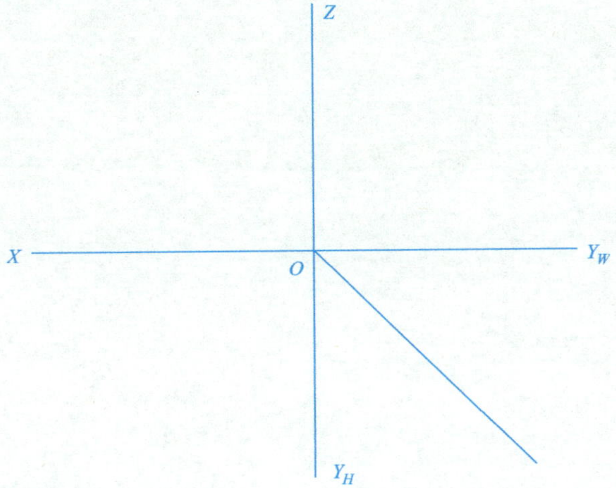

4.2.5　过点 M 作一水平线 MN，到 H 面距离为 20、$\beta=45°$，两端点 $\Delta Y=20$

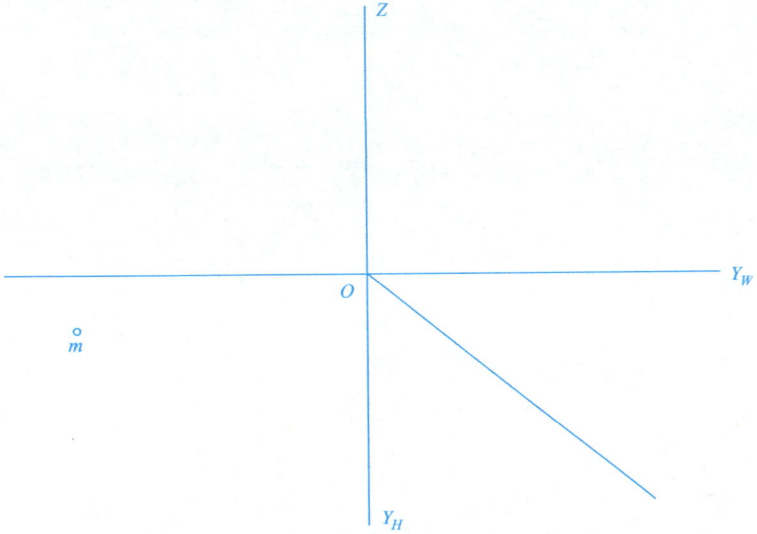

4.2.6　已知两直线 AB、CD 的端点坐标为 A（30，5，25）、B（5，15，15）、C（40，15，0）、D（10，30，0），作两直线的投影图

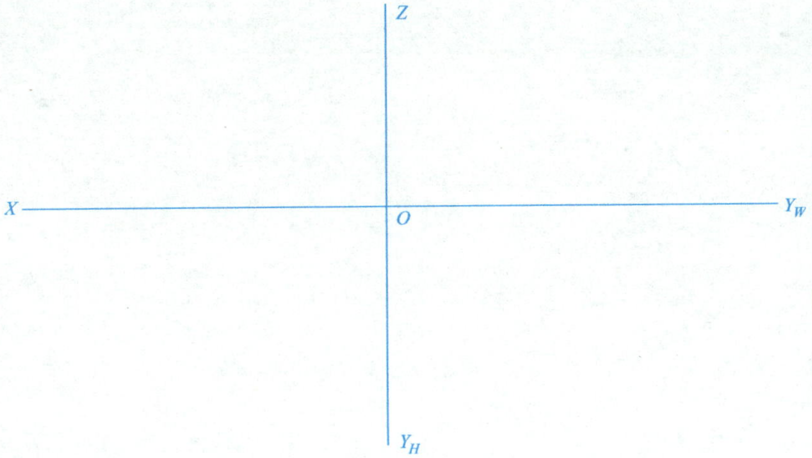

班级：　　　　姓名：　　　　学号：

4.2.7　分别用直角三角形法求出线段的实长（若不需作图者，指明实长即可）

(1)

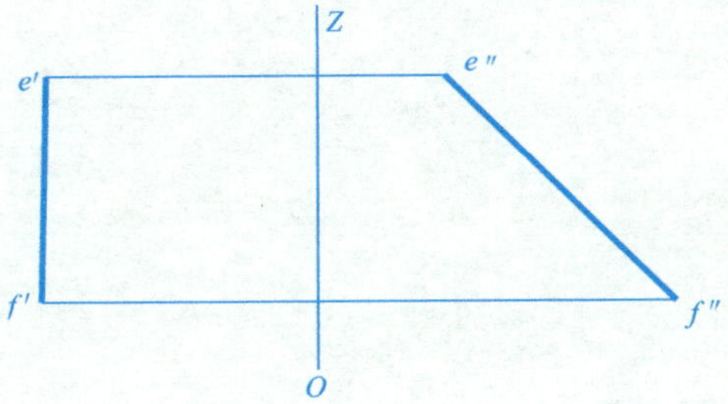

(2)

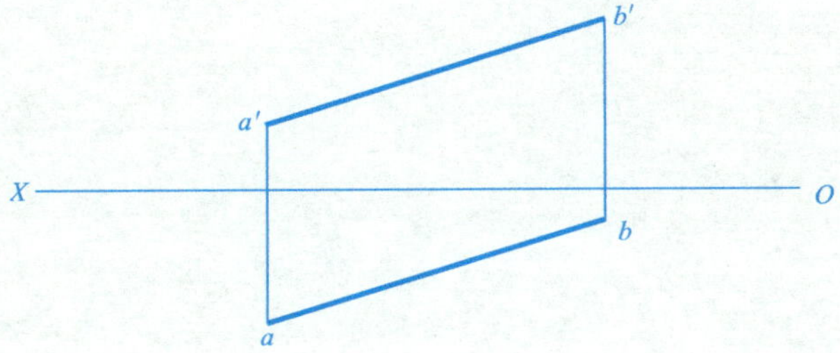

4.3 面的投影

4.3.1 标出立体图上指定平面的三面投影，并写出它们各属于何种空间位置的平面

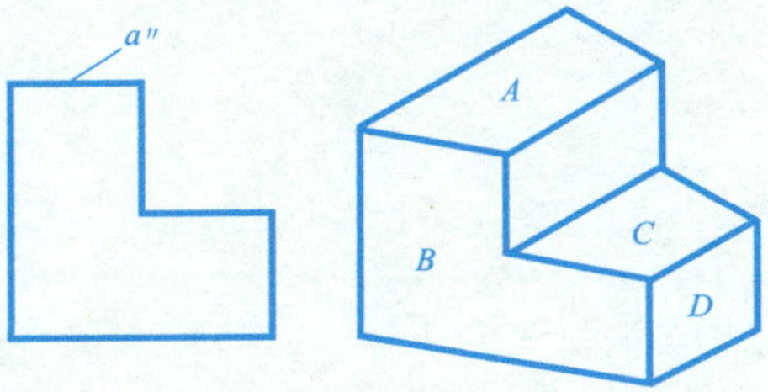

A 是__水平__面 *C* 是________面

B 是________面 *D* 是________面

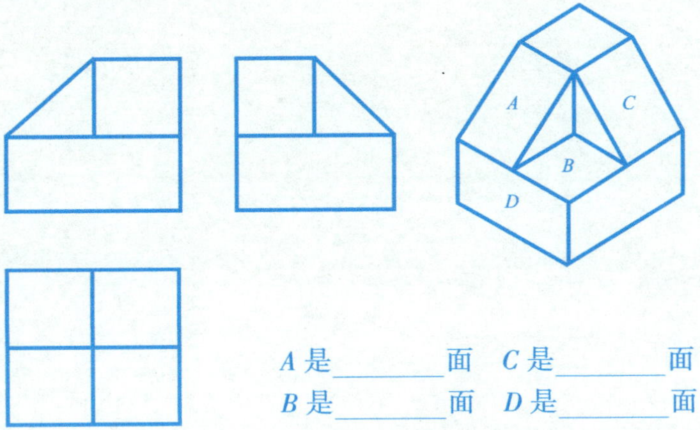

A 是________面 *C* 是________面

B 是________面 *D* 是________面

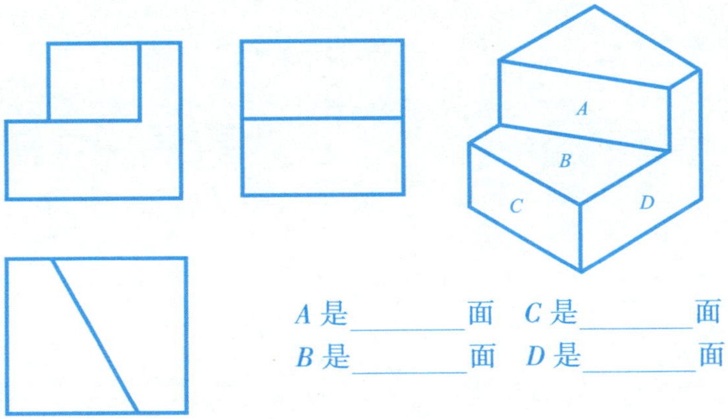

A 是________面 *C* 是________面

B 是________面 *D* 是________面

4.3.2　补全平面的第三面投影，并写出它们各属于何种空间位置的平面

(1)

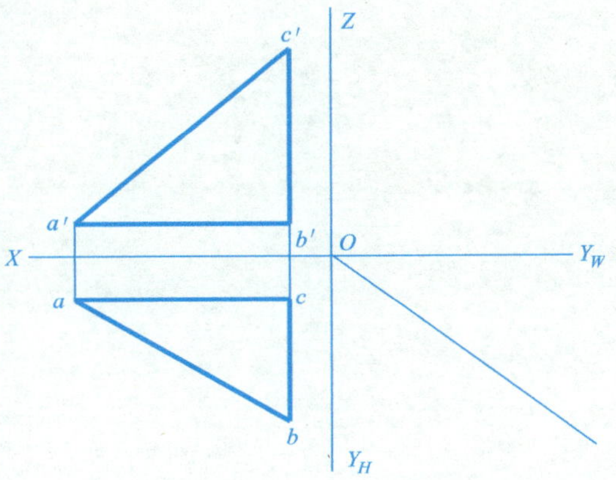

____

(2)

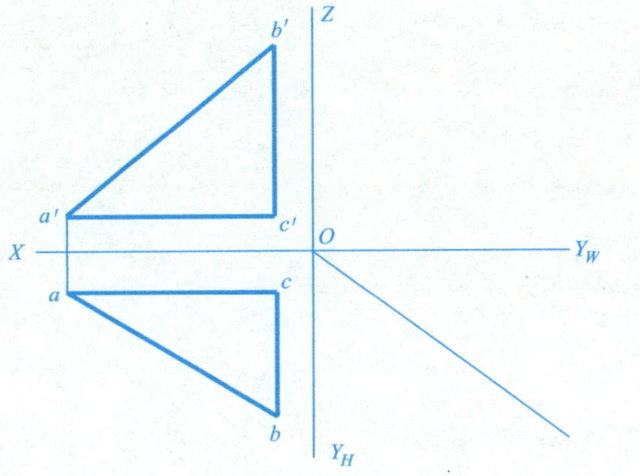

____

(3)

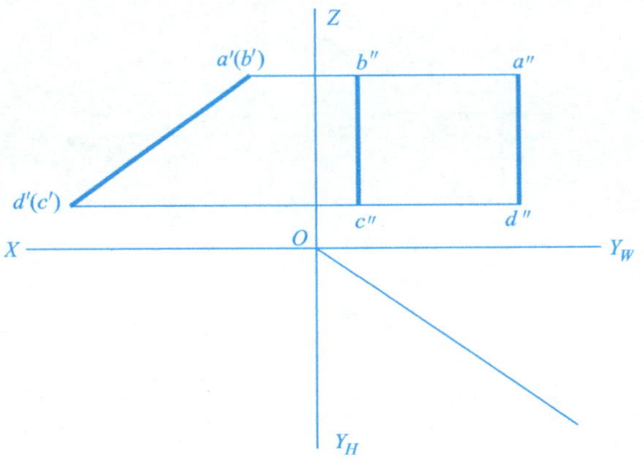

____

(4)

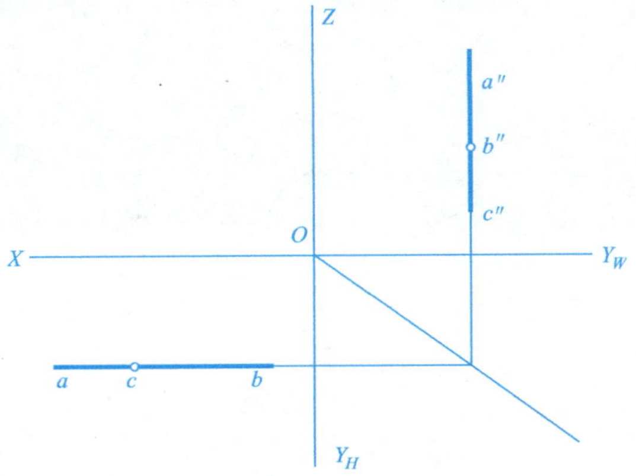

____

4.3.3　分别用直角三角形法求各线段实长

（1）

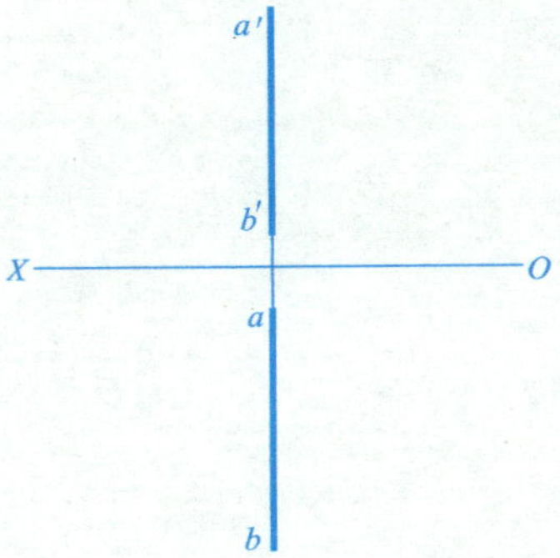

（2）

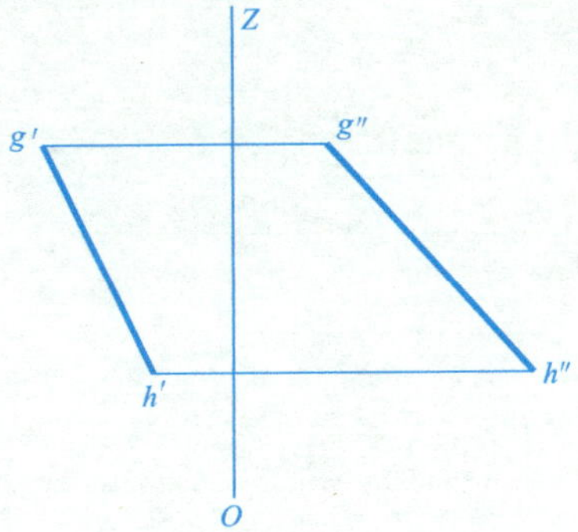

4.3.4　求出线段 AB 对 H 面的倾角 α 和线段 CD 对 V 面的倾角 β

（1）

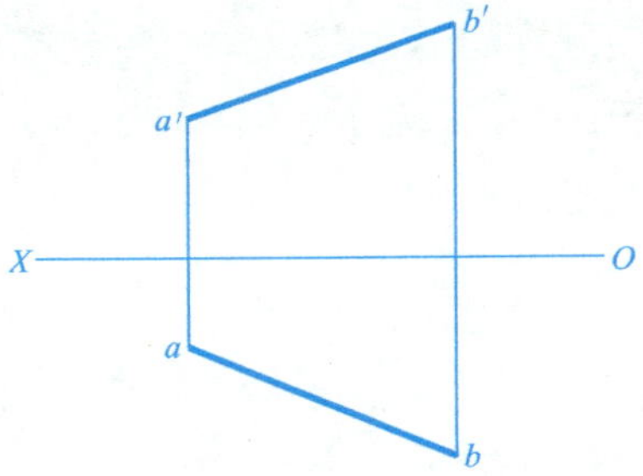

（2）

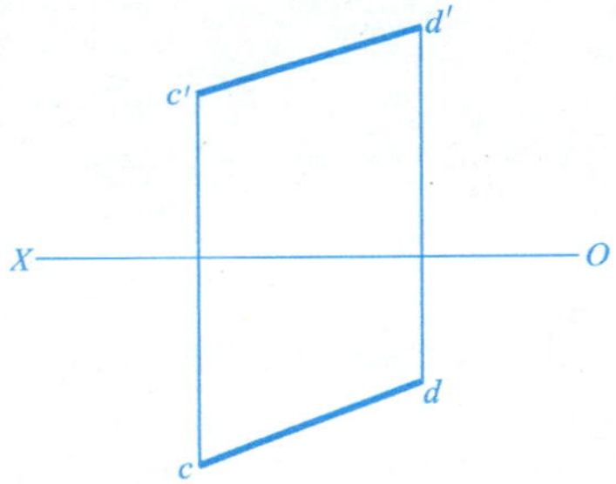

5.1　完成平面立体及其表面上点和直线的投影

(1)

(2)

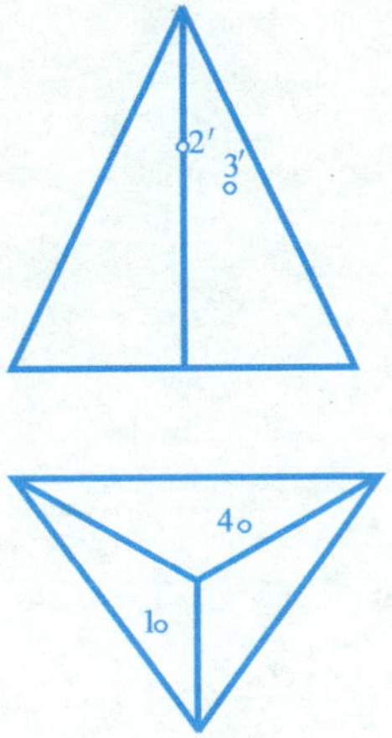

(3)

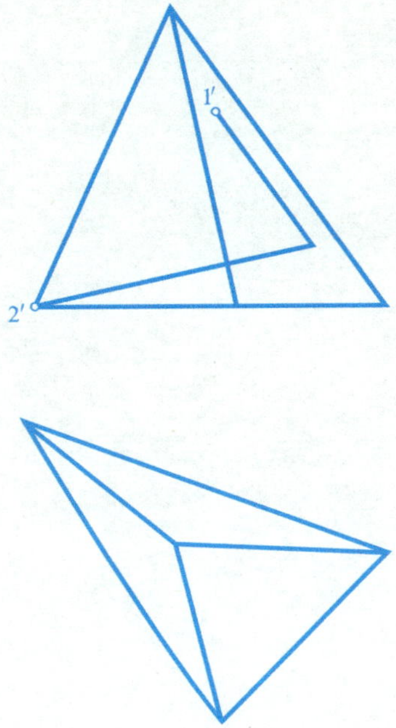

班级：　　　　　　姓名：　　　　　　学号：

5.2 按给出的条件作出基本体的投影

(1) T形柱，长20mm。

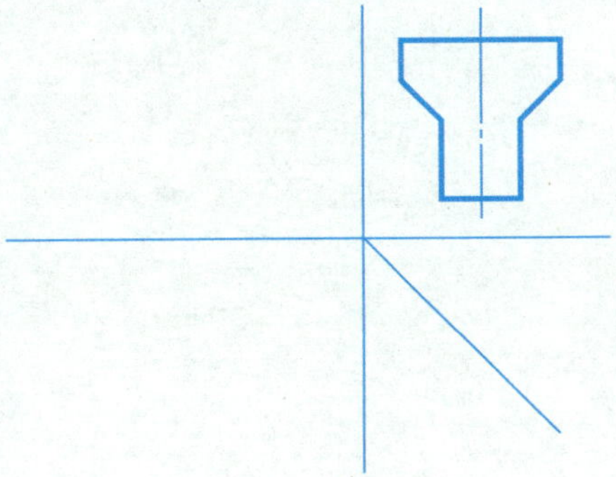

(2) 正三棱锥，高20mm。

(3) 圆管，高20mm。

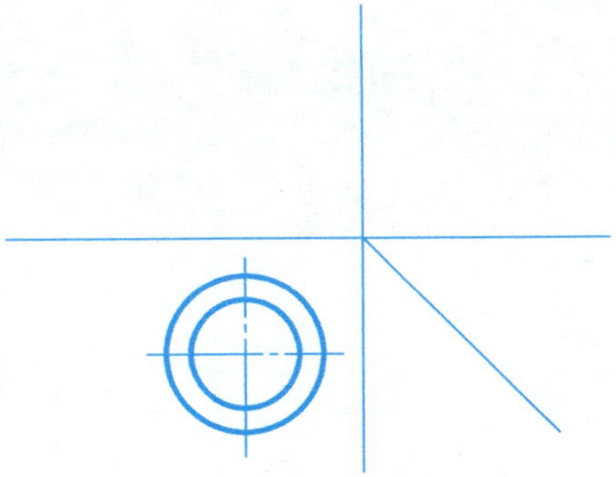

(4) 半圆锥，高15mm。

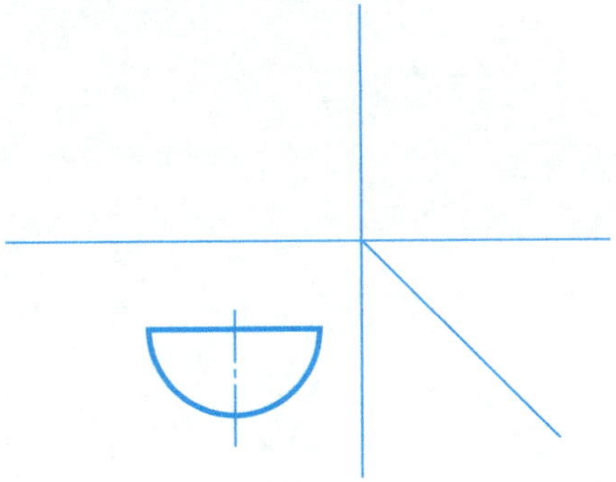

班级：　　　　姓名：　　　　学号：

5.3　补全基本体的三面投影，并作出基本体表面上点和线的投影

(1)

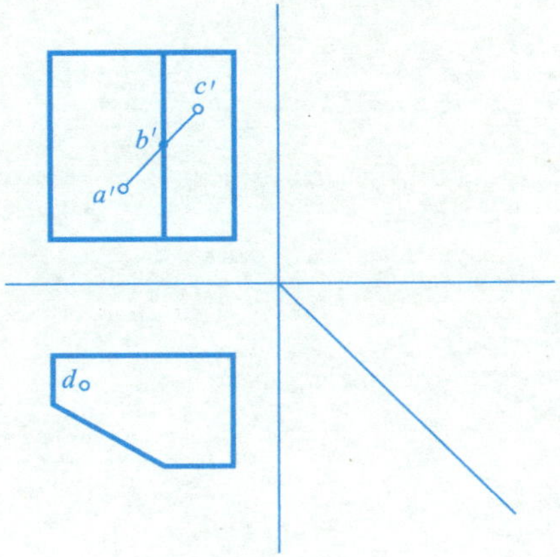

(2)

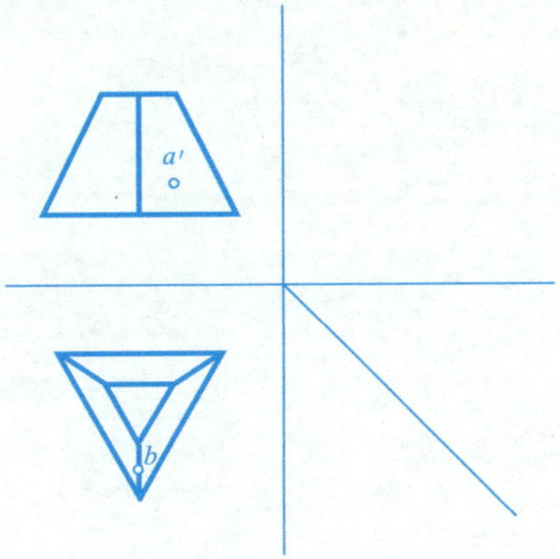

(3)

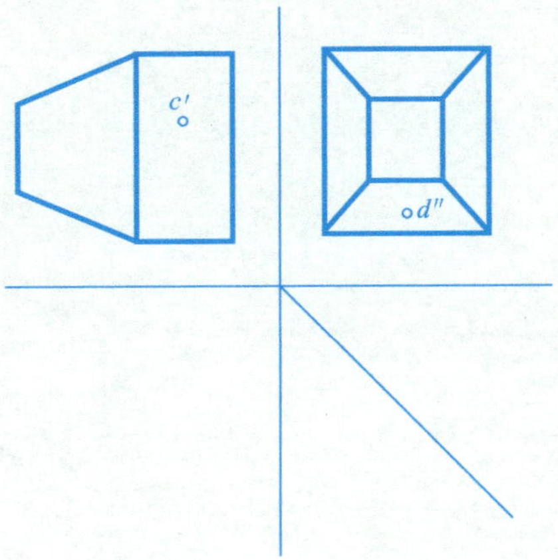

(4)

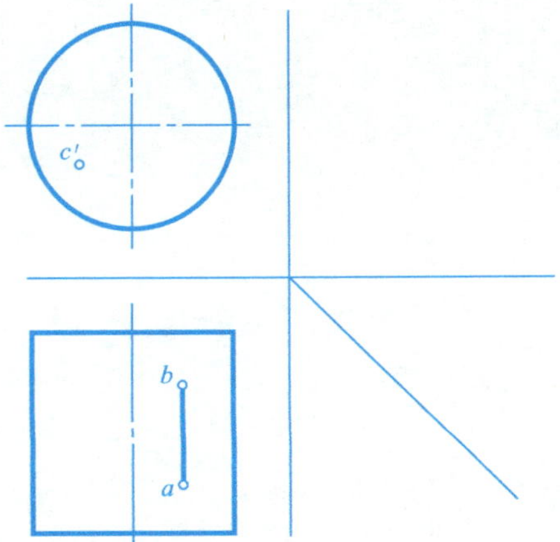

(5)

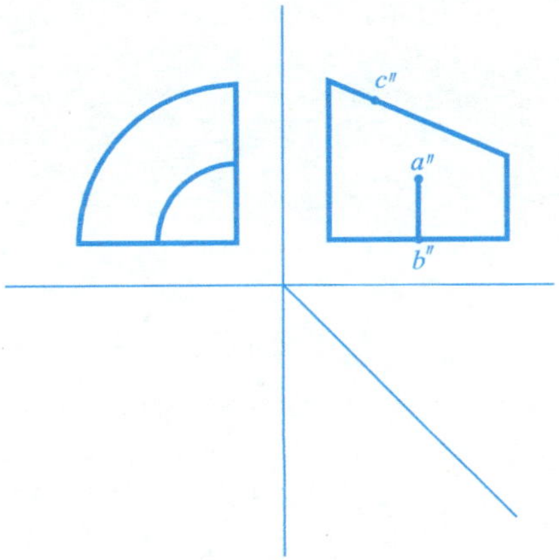

(6)

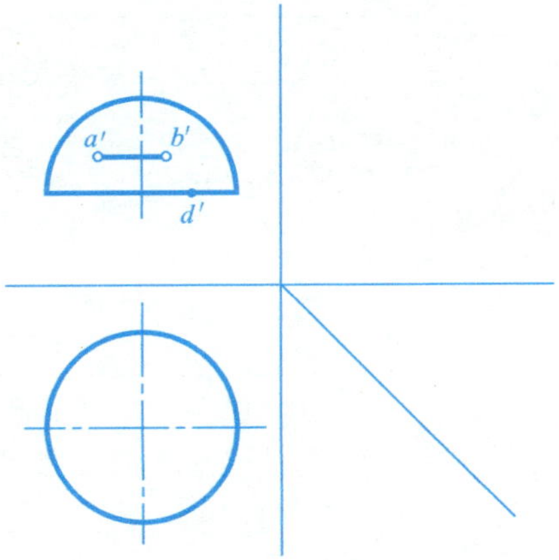

班级：　　　　姓名：　　　　学号：

5.4　补全立体表面上各点的三面投影

(1)

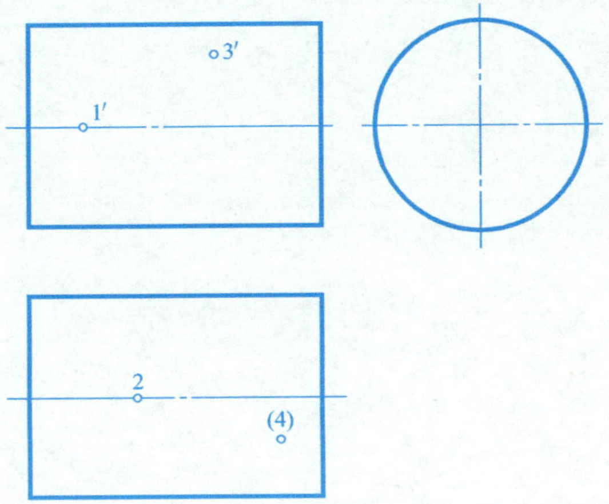

(2)

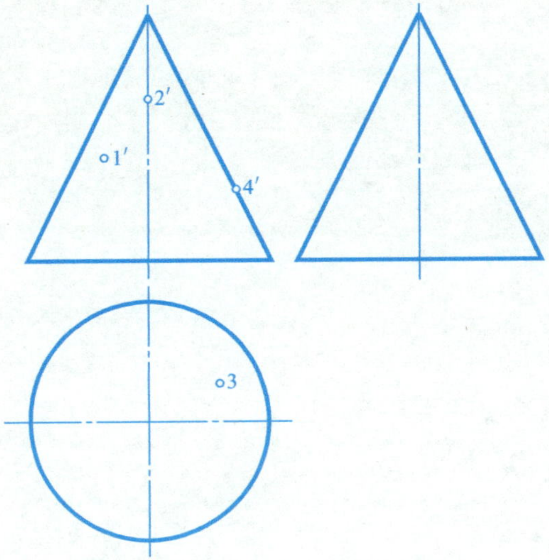

5.5　补全立体表面上各曲线的投影

(1)

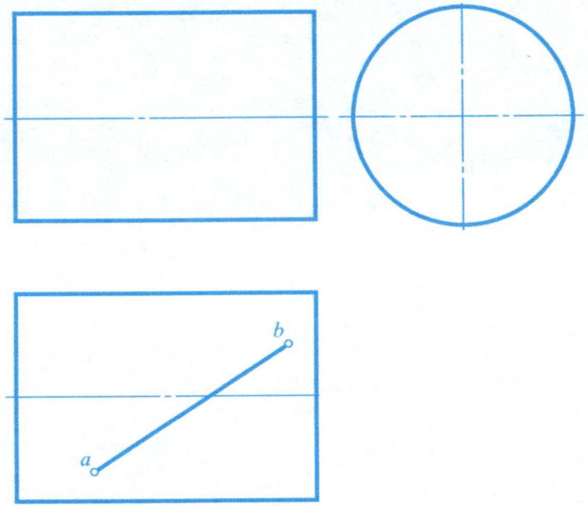

(2)

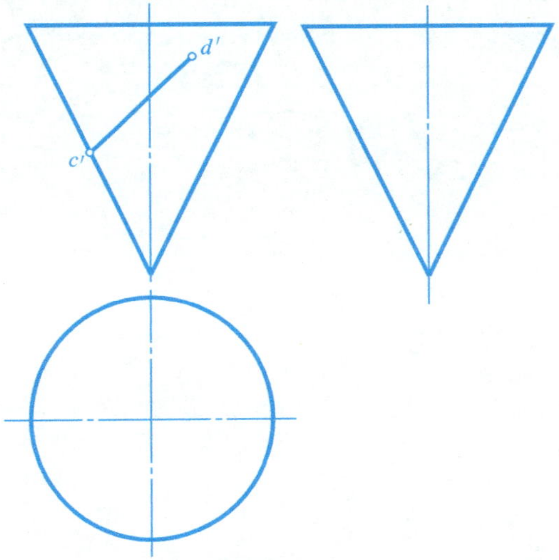

5.6 求平面与平面立体相交线的投影并补全第三面投影

(1)

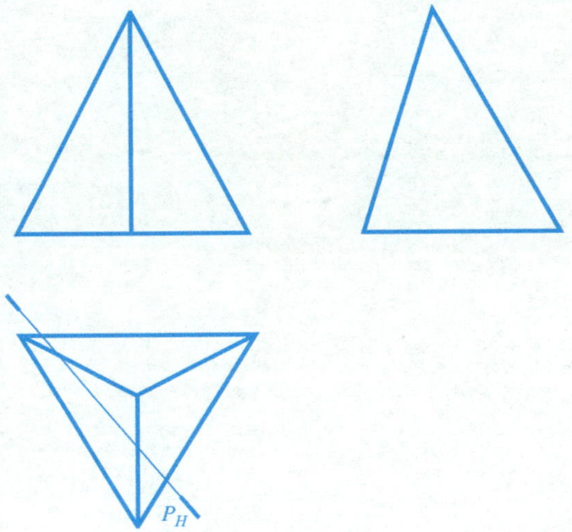

(2)

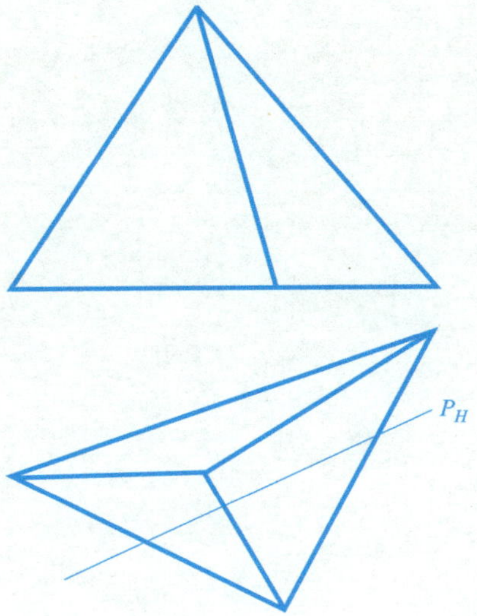

(3)

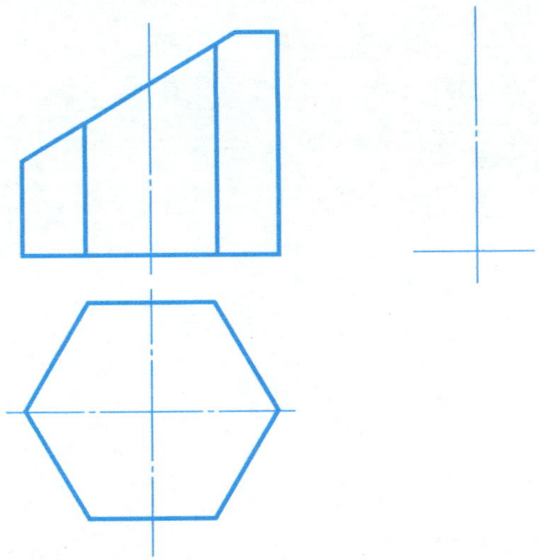

(4)

(5)

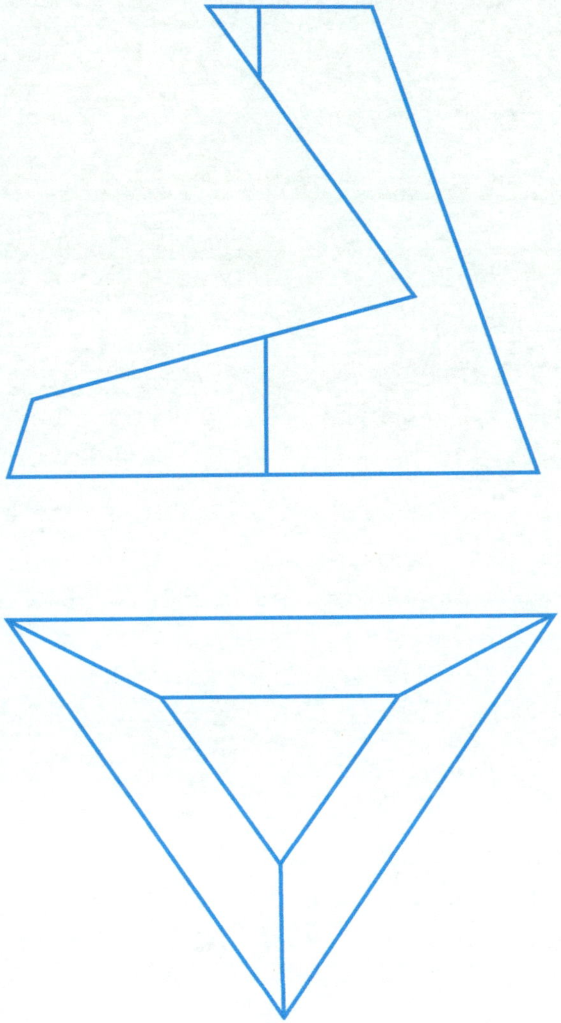

(6)

5.7　求平面与曲面立体相交线的投影并补全第三面投影

(1)

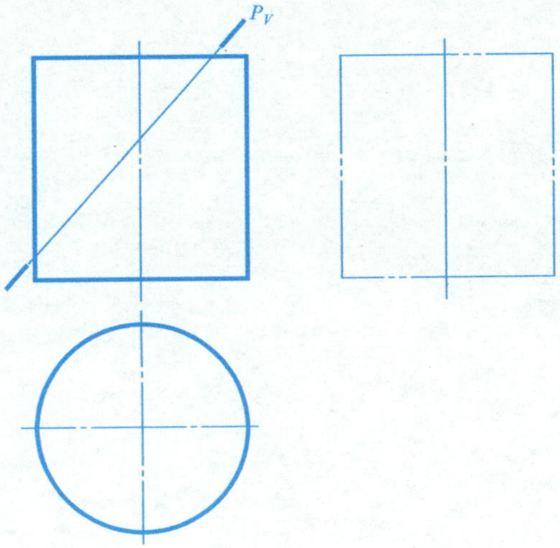

(2)

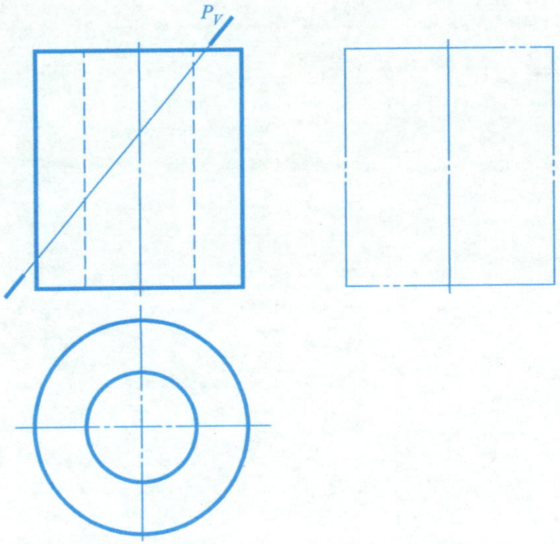

(3)

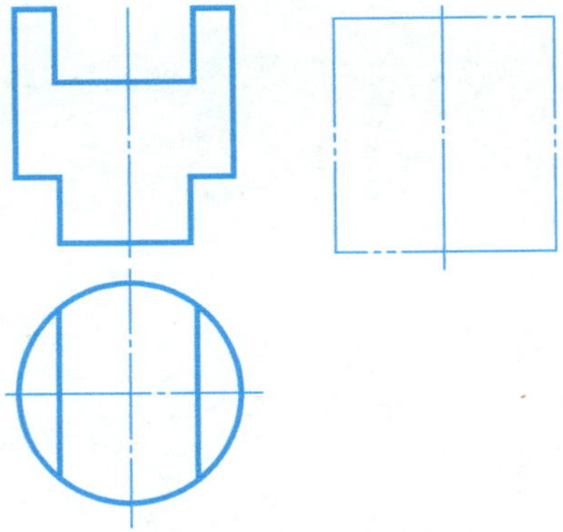

(4)

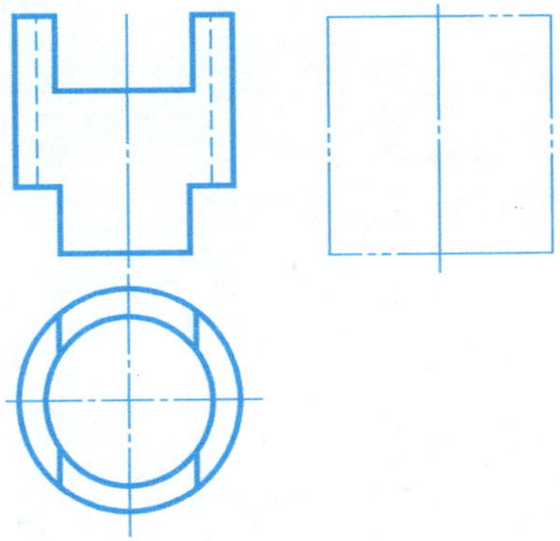

5.8　完成曲面立体被切割后的投影

5.9　完成两立体相贯线的投影

(1)

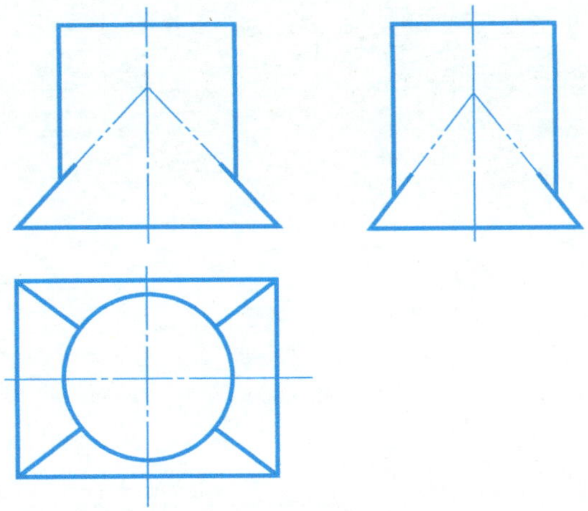

(2)

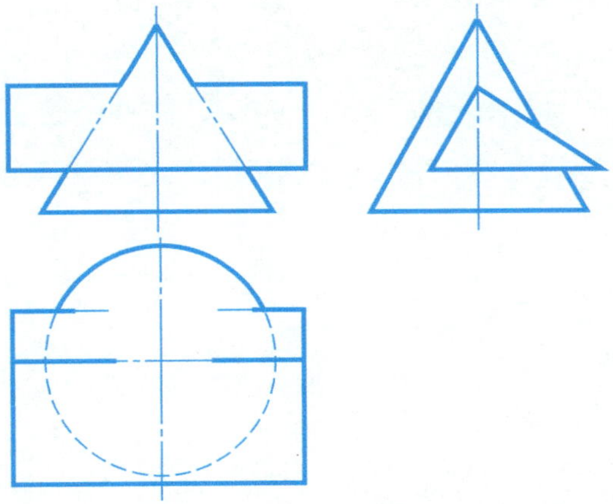

第6章　组合体的投影

6.1　根据立体图，补全投影图中的图线

(1)

(2)

(3)

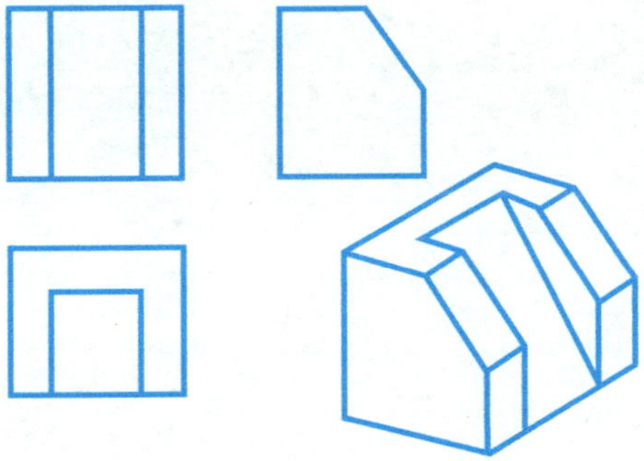

(4)

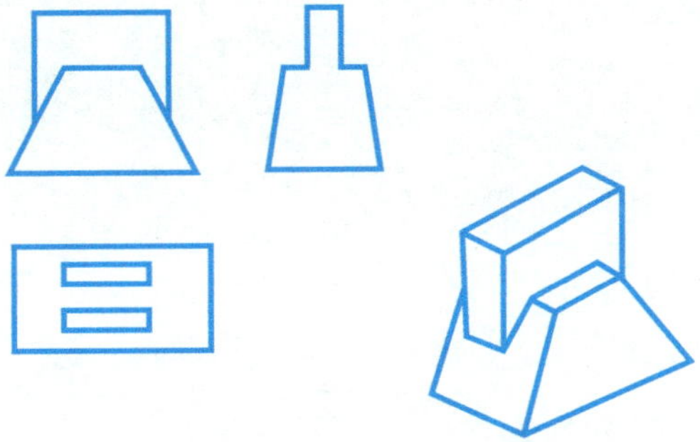

(5)

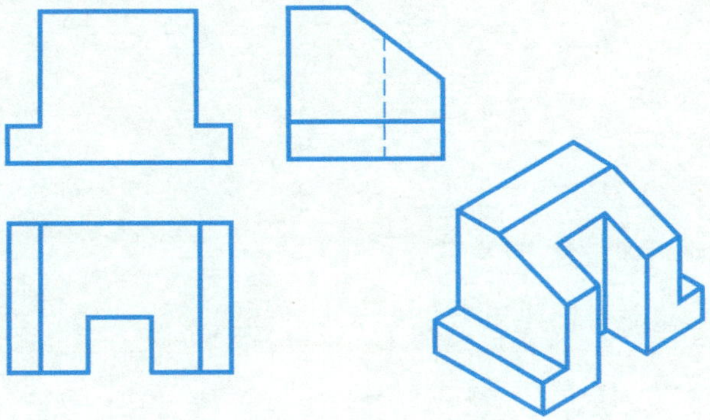

(6)

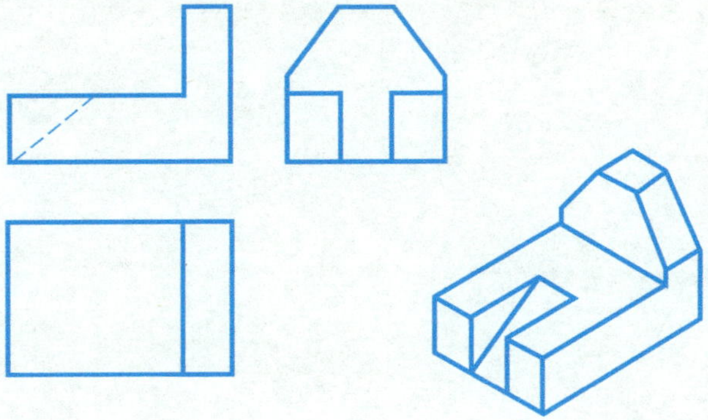

(7)

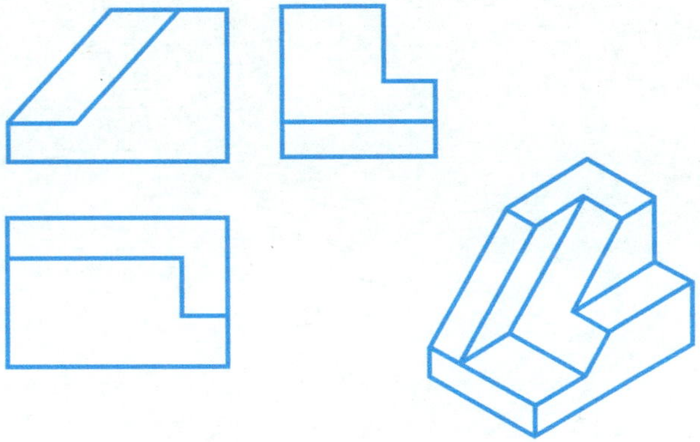

(8)

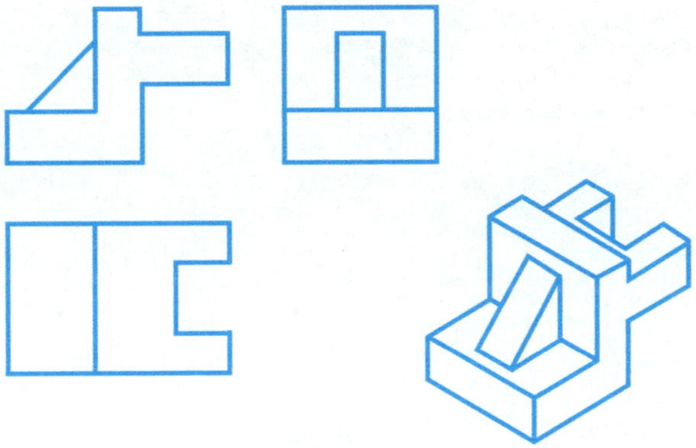

6.2 补全投影图中的图线

(1)

(2)

(3)

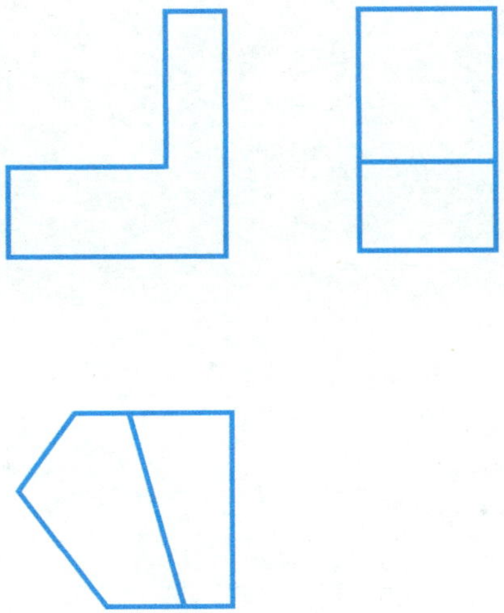

(4)

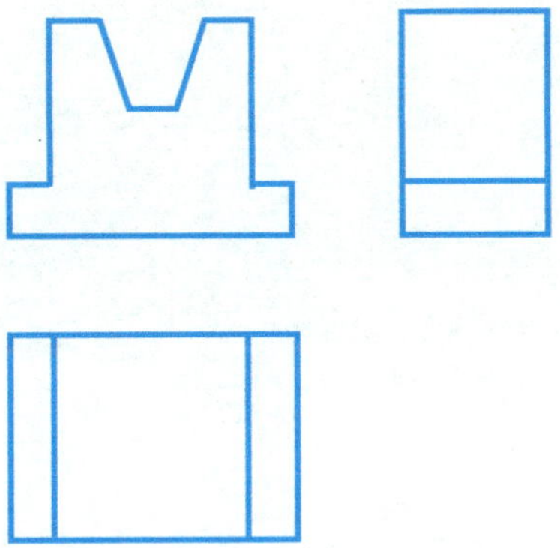

6.3 根据组合体的模型或轴测图作三视图，尺寸自定

(1)

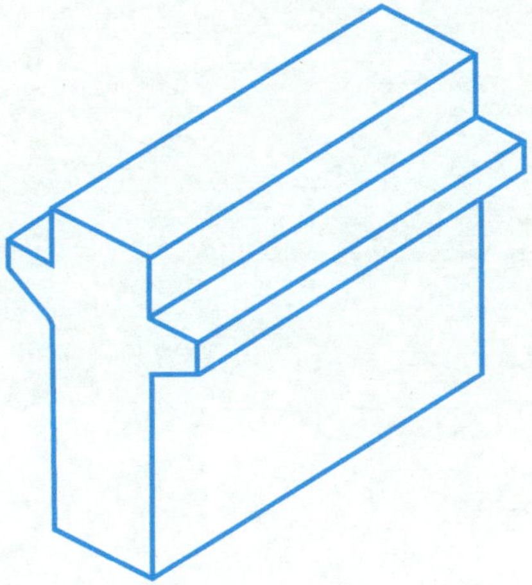

(2)

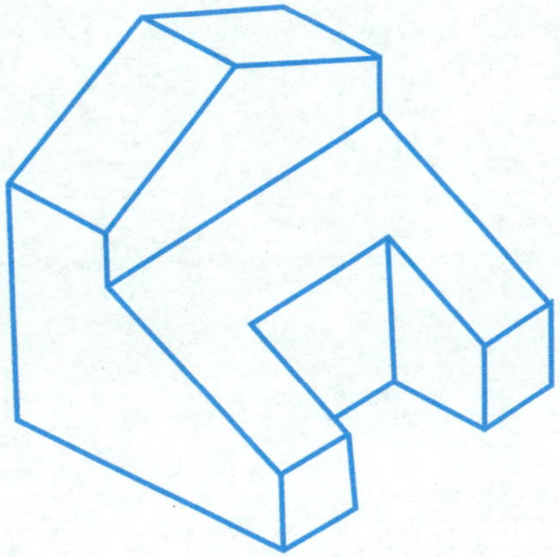

(3)

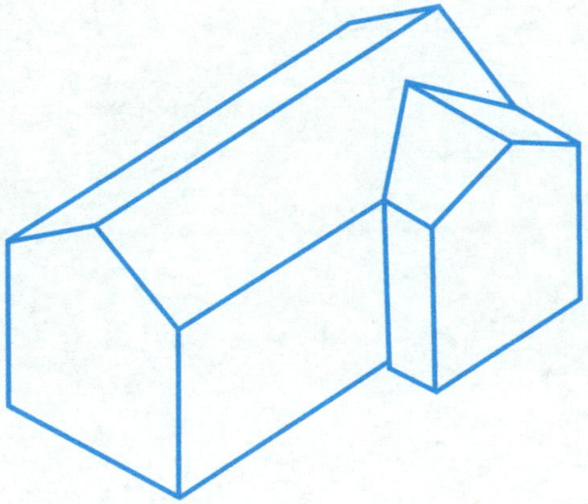

(4)

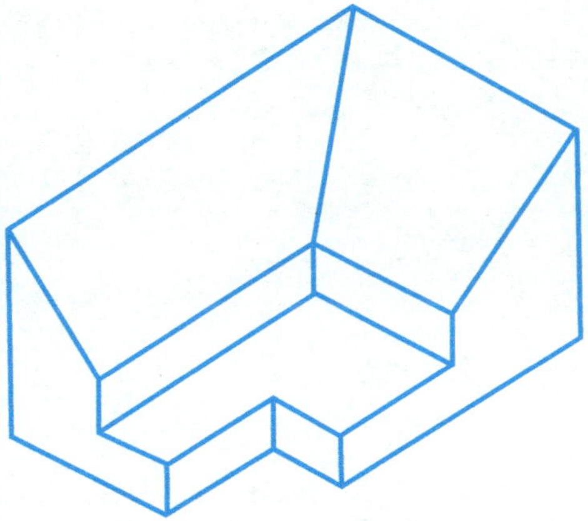

(5)

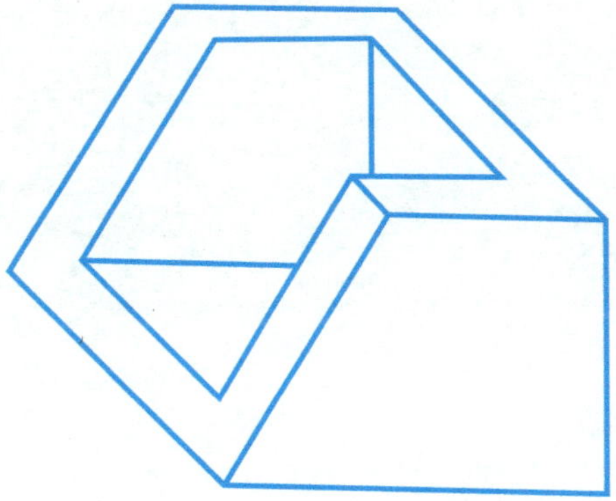

(6)

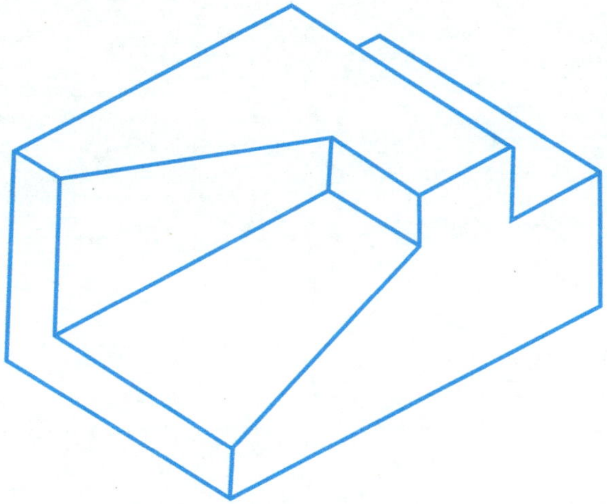

6.4 根据组合体的模型或轴测图作三视图（草图）

(1)

(2)

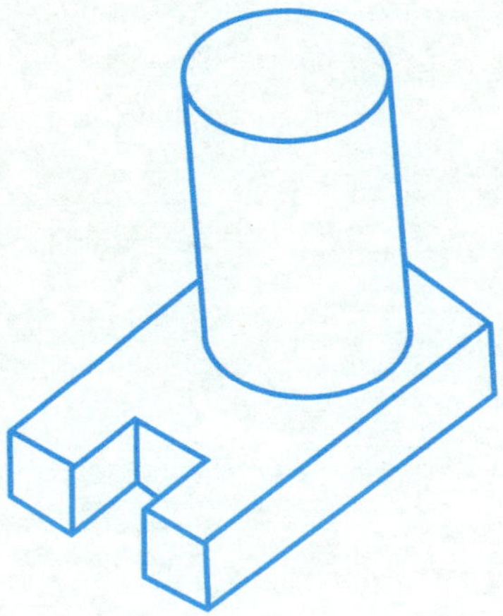

(3)

(4)

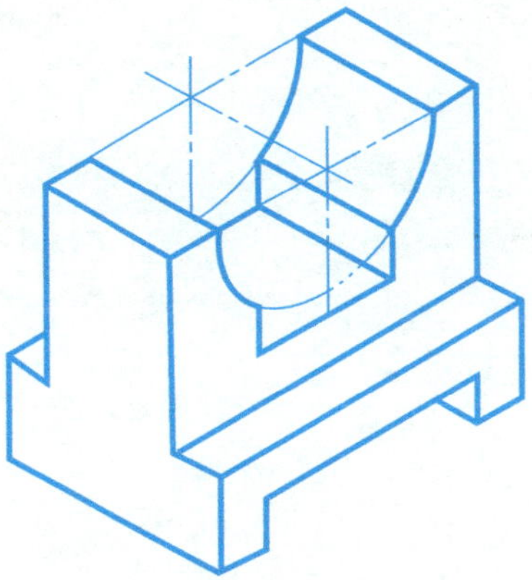

班级：　　　　姓名：　　　　学号：

6.5　组合体视图的尺寸标注练习，根据立体图及其尺寸，绘制三视图并进行尺寸标注

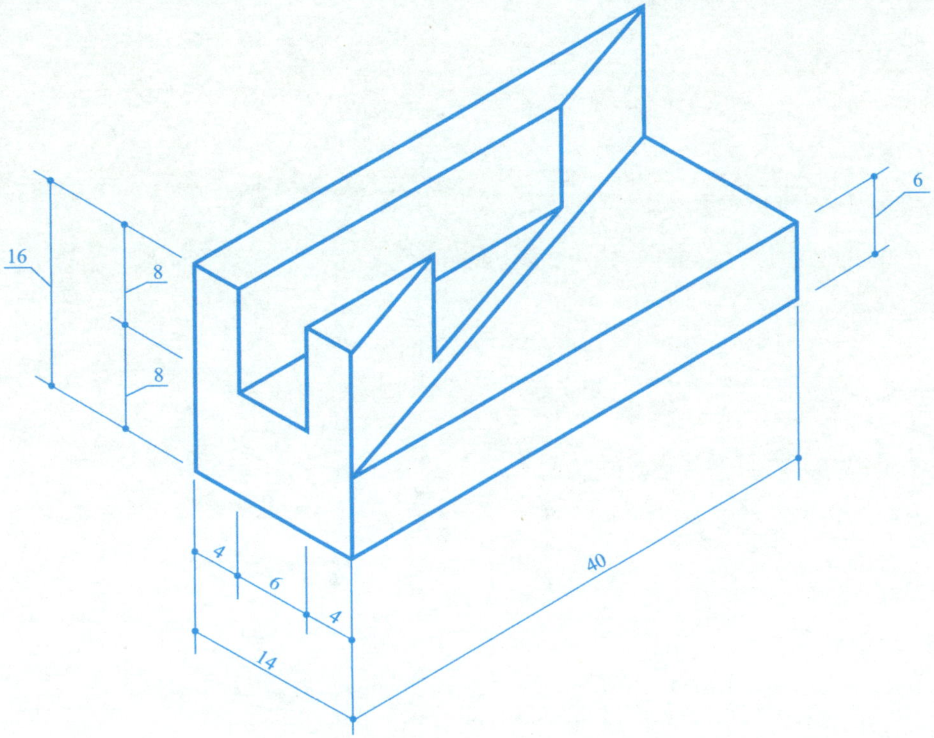

6.6　组合体的三视图练习，补全图线并作第三面投影

(1)

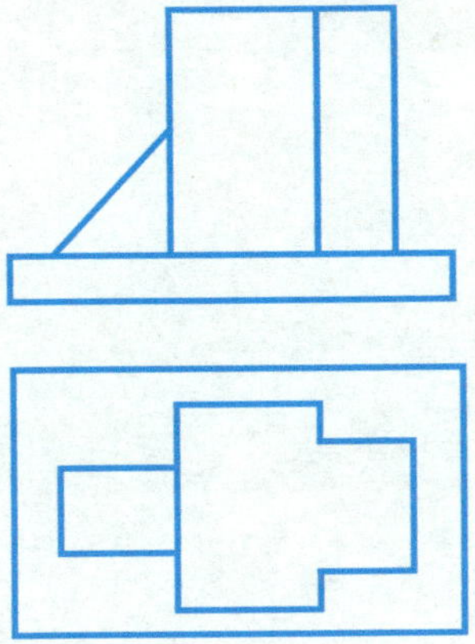

(2)

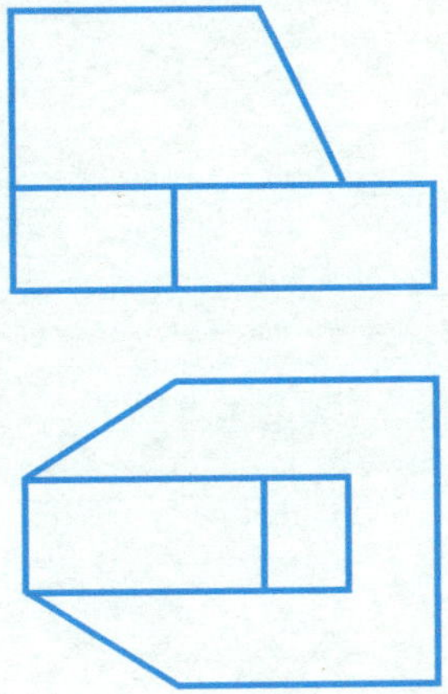

(3)

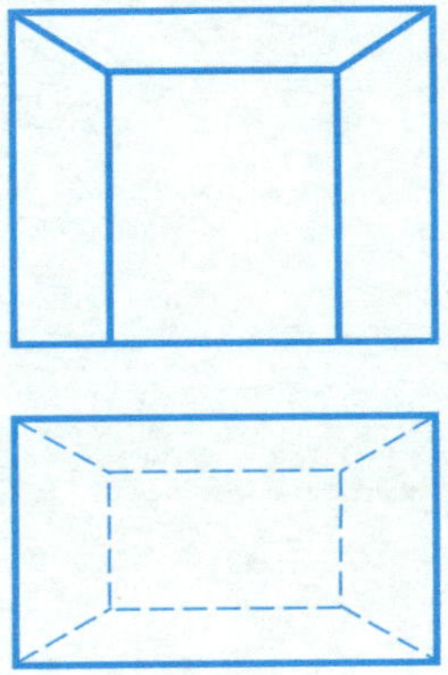

(4)

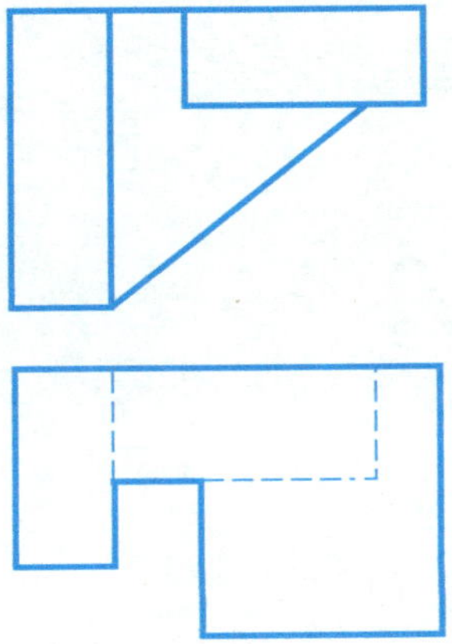

(5)

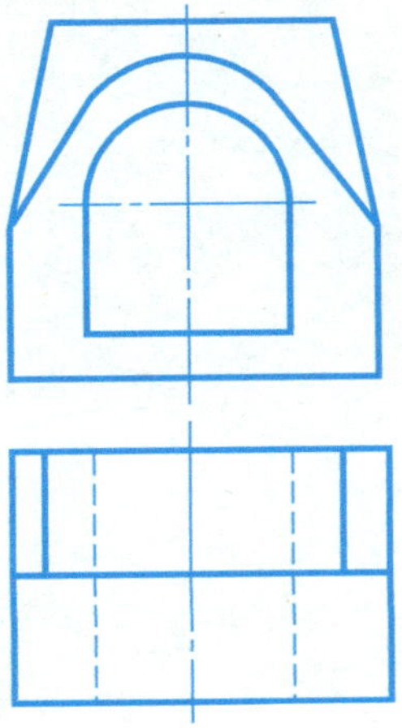

(6)

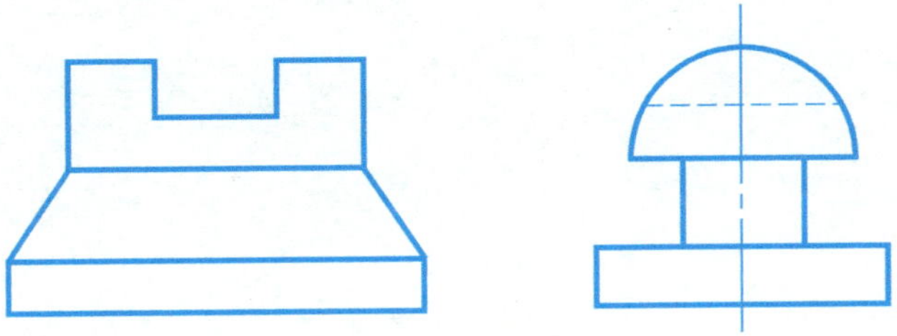

班级：　　　　姓名：　　　　学号：

(7)

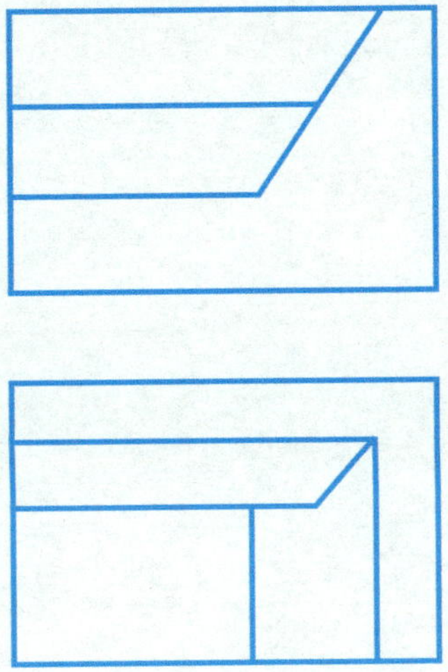

(8)

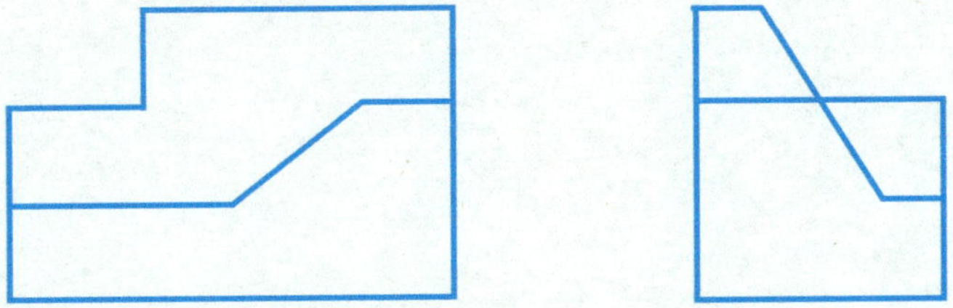

(9)

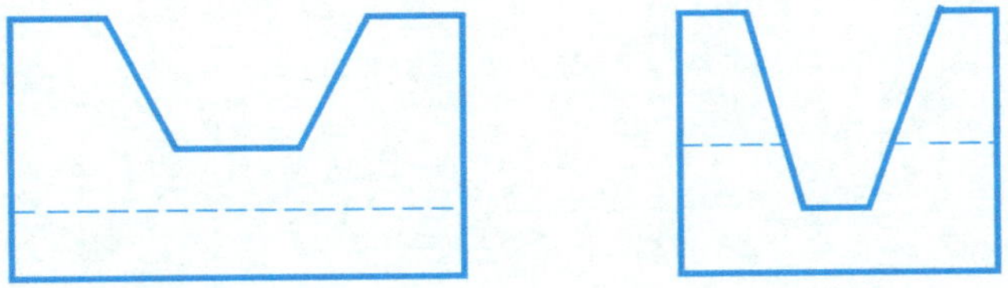

(10)

7.1　根据所给俯视图，想象其立体形状，找出对应的主视图及左视图，并将其编号填入对应的括号内

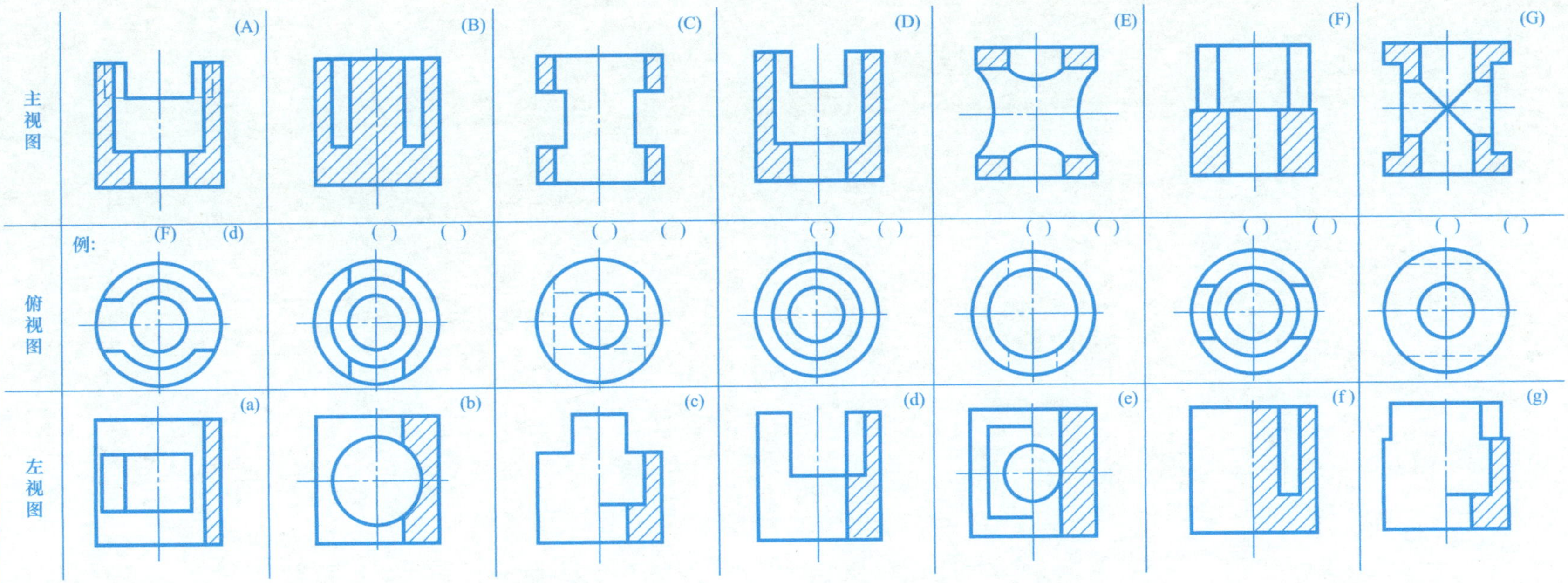

班级：　　　　姓名：　　　　学号：

7.2 补画左视图，并将其主视图、左视图改成适当的剖面图

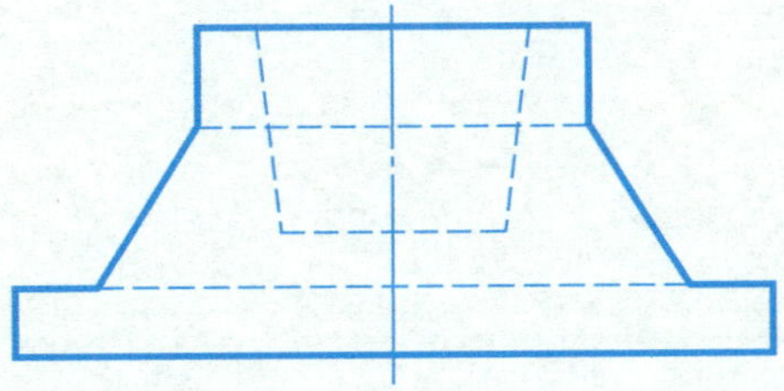

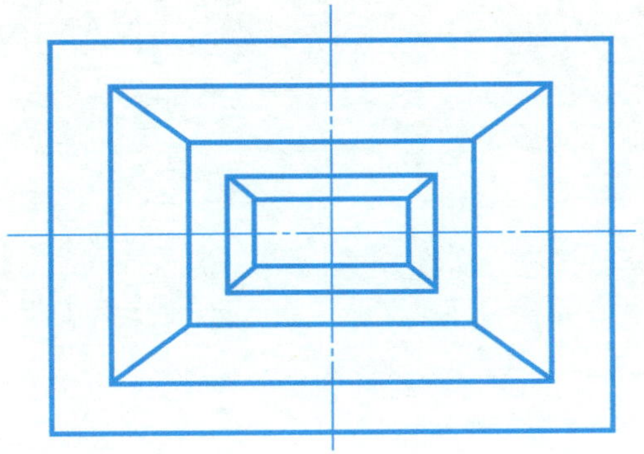

7.3　将主视图和左视图改成1-1剖面图、2-2剖面图

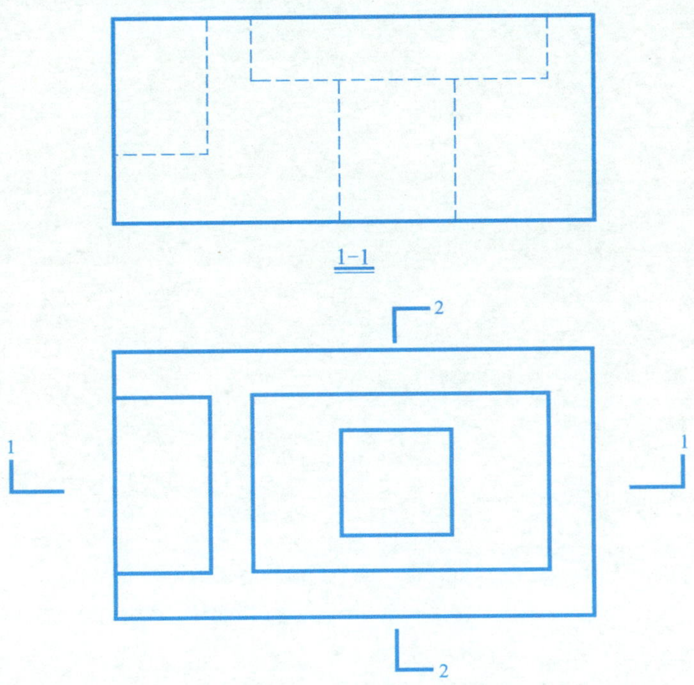

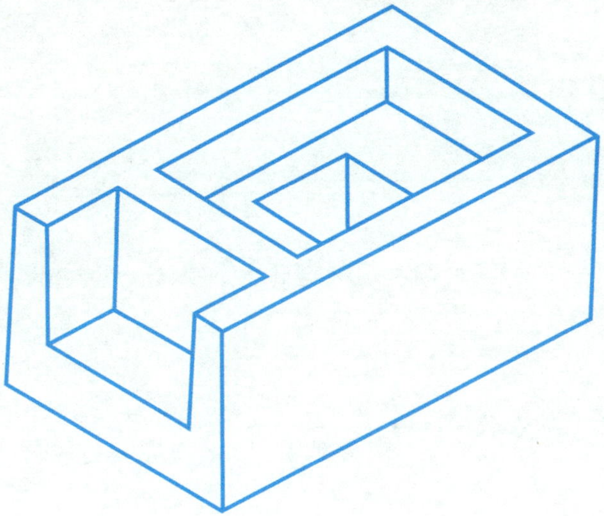

7.4　求作房屋的1-1剖面图、2-2剖面图、3-3剖面图

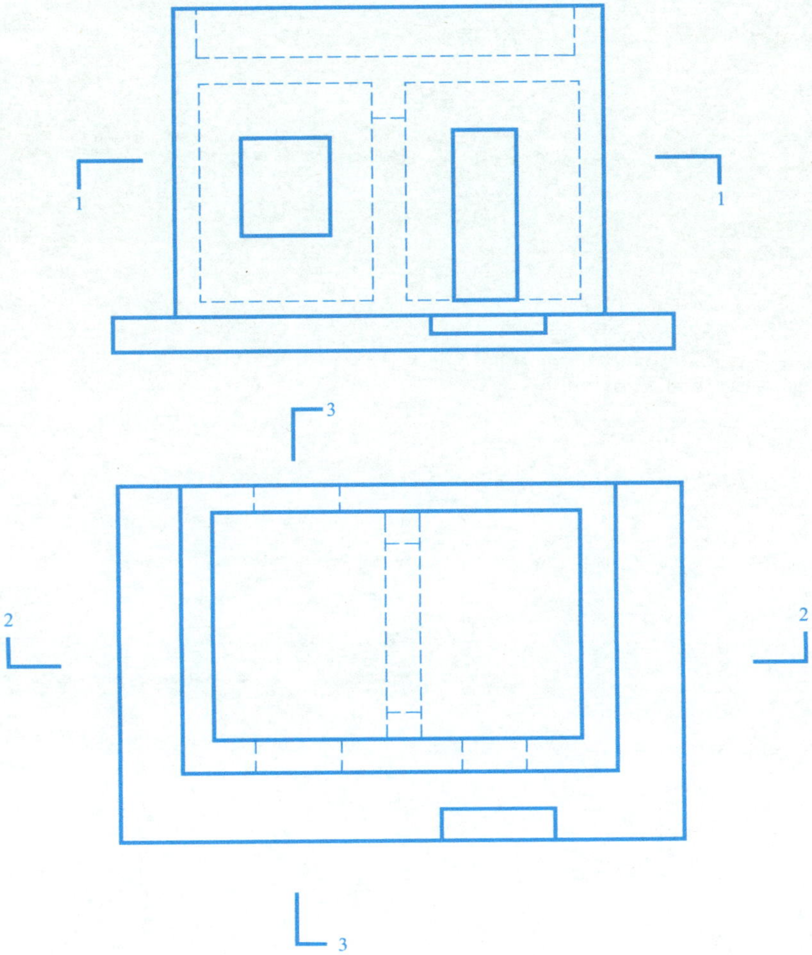

剖面图画法练习

目的：掌握剖面图的绘制方法及有关尺寸标注的技巧。

图幅：A3幅面绘图纸。

要求：尺寸自测，根据所给比例，用工具画出组合体的三视图，并标注尺寸。其中，正立面图和左侧立面图根据所给的图形可画成水平方向或垂直方向剖切的剖面图，剖切位置自定。

7.5　根据图 a 所示内容，分别在图 b 中画出中断断面，在图 c 中画出重合断面

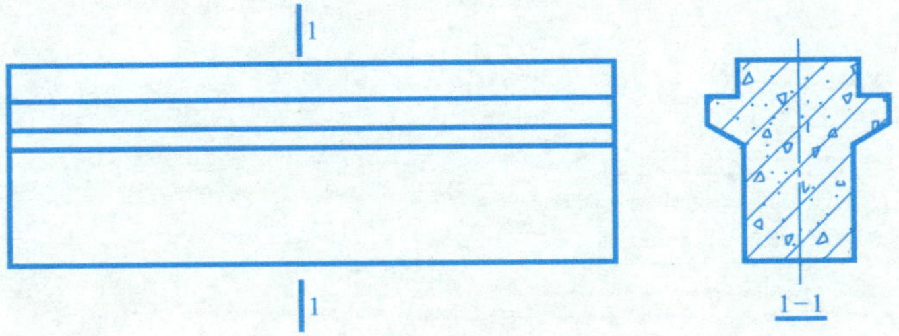

a)

b)

c)

班级：　　　　姓名：　　　　学号：

第 8 章　建筑施工图

8.1　建筑总平面图

根据下页的总平面图填空。

（1）建筑施工图按专业工种分为________、________和________。

（2）总平面图是将新建工程一定范围内的________和________的建筑物和构筑物连同起周围的________，用________和相应的________所画出的图样，主要表示新建房屋的________、________、________以及________绿化和给水排水供电条件等方面的情况。作为新建房屋________、________设备管网平面布置，安排在施工时进入现场的________、________、________以及________的依据。

（3）总平面图的图例应采用《　　　　　　》规定的图例，其图线宽度应根据图样的复杂程度和比例，按《　　　　　　》中的有关规定执行。总平面图中的单位是________。

（4）总平面图用________表示方位和风向，图中虚线表示________，实线表示________。风向是指向________。

（5）从下页的总平面图可知本次新建建筑为________层，长度为________，宽度为________，占地面积________，与原有建筑距离________。

（6）图中原有建筑有________、________。

（7）计划扩建的建筑有________、________。

（8）拆除的建筑有________栋。

（9）该教学楼用________方法定位，距离为________。

（10）图中的曲线表示________。新建建筑所处的地形为________。

（11）新建建筑基地的主导风向是________。

班级：　　　　姓名：　　　　学号：

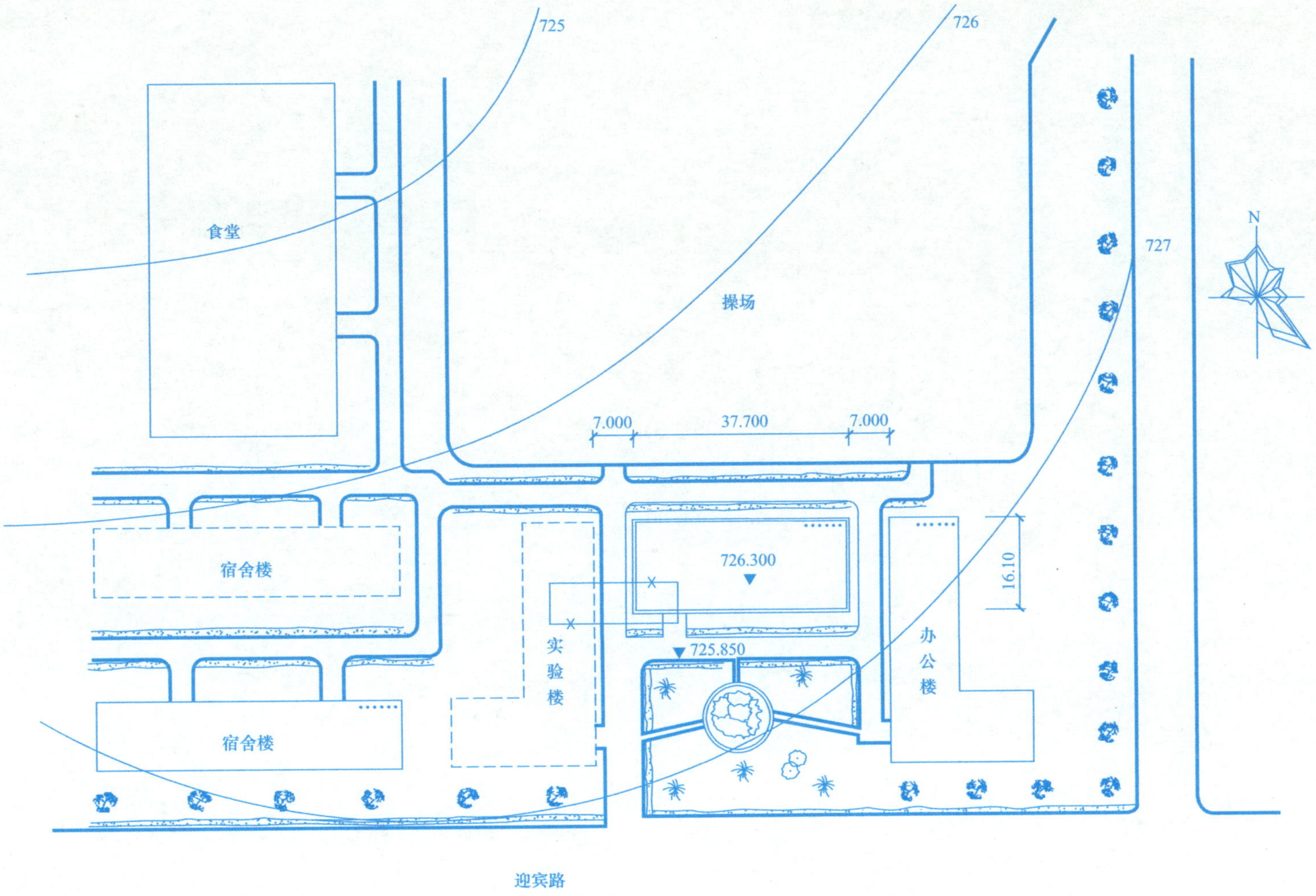
725
726
727
N
食堂
操场
7.000
37.700
7.000
宿舍楼
726.300
16.10
实验楼
725.850
办公楼
宿舍楼
迎宾路

总平面图 1∶500

8.2 建筑平面图

识读练习，根据后面的平面图填空。

（1）建筑平面图是用________剖切平面，沿________位置剖切，向下所作的________投影。建筑平面图反映建筑的______________。

（2）建筑平面图至少需要画_______个平面图，分别是_______、_______，另外还应有_______。

（3）识读本教学楼一层平面图、二至五层平面图以及六层平面图，得知该教学楼为_______结构，总长_______，总宽_______，墙体的厚度为_______，有_______种开间，分别是_______、_______；进深为_______，走廊宽_______；共有_______条横向定位轴线，_______条纵向定位轴线；建筑占地面积_______m^2，教室使用面积_______m^2。

（4）教学楼门厅地面标高为_______，厕所地面标高为_______，建筑室外标高为_______，表示该建筑室内外高差为_______。

（5）建筑层高为_______，二至五层平面图与一层平面图的区别在于______________。

（6）从六层平面图可知该建筑排水坡度为_______，雨水管分别设在_______。六层还有_______、_______、_______等房间。

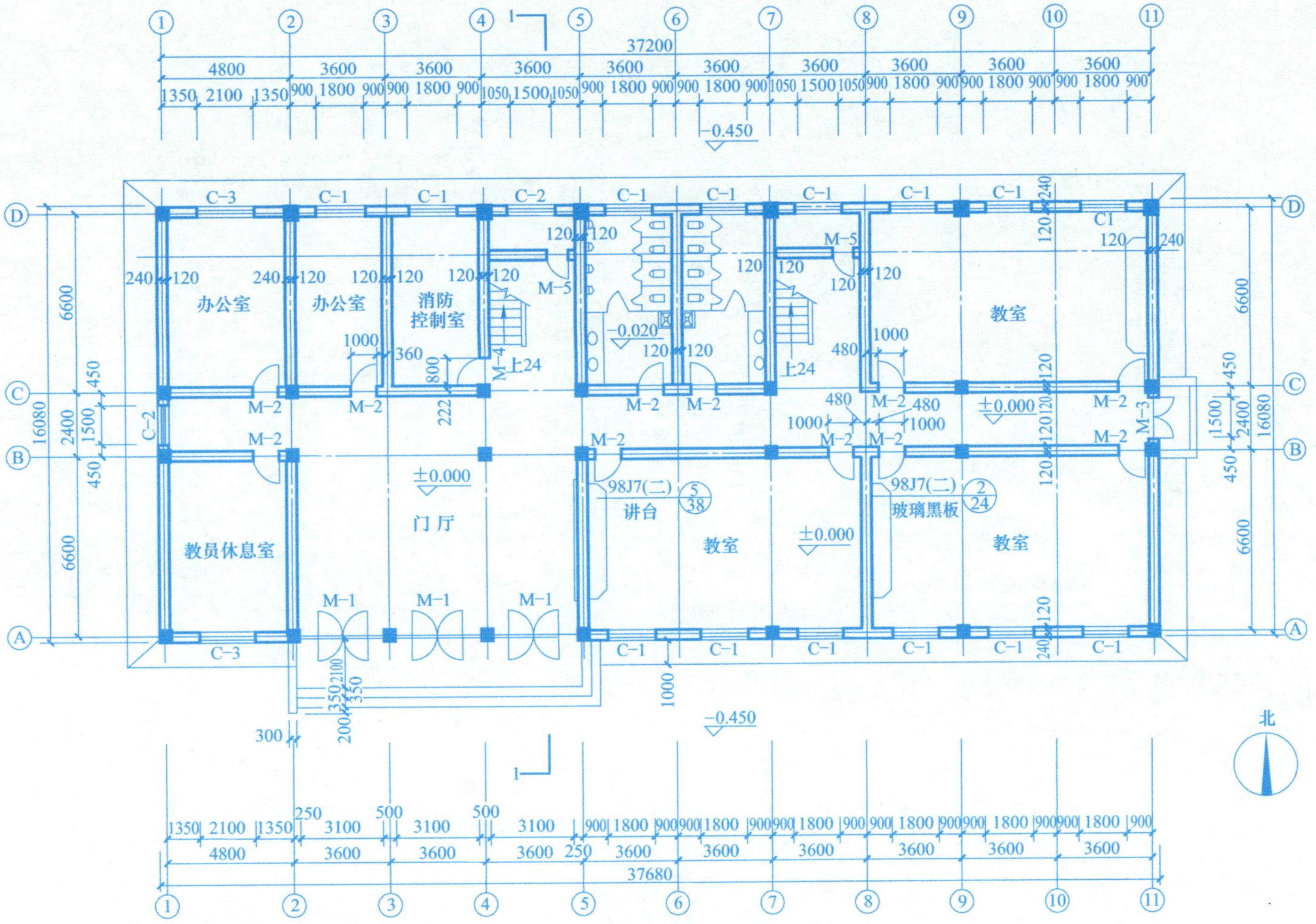

教学楼一层平面图 1∶100

班级： 姓名： 学号：

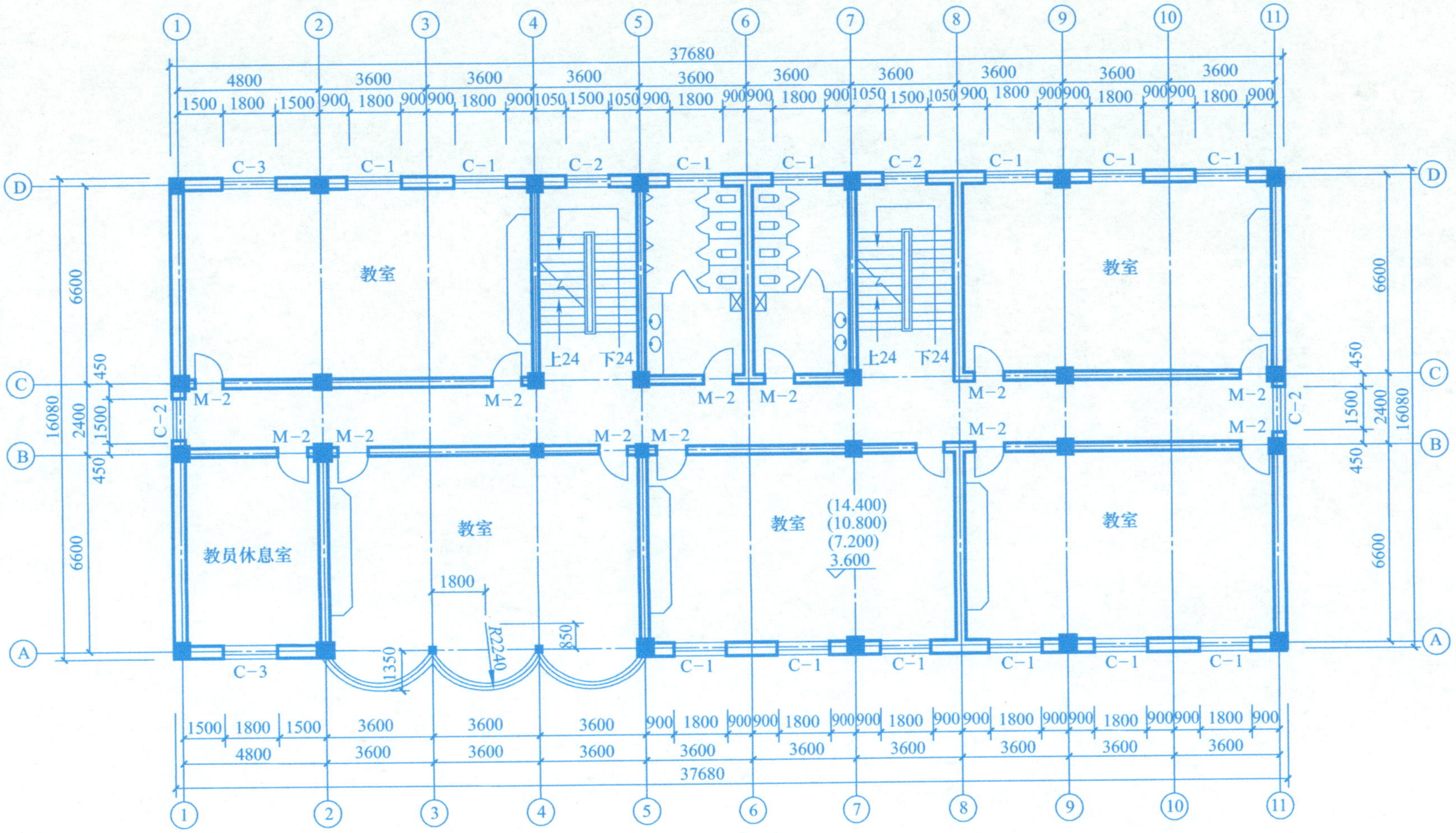

教学楼二至五层平面图 1:100

班级： 姓名： 学号：

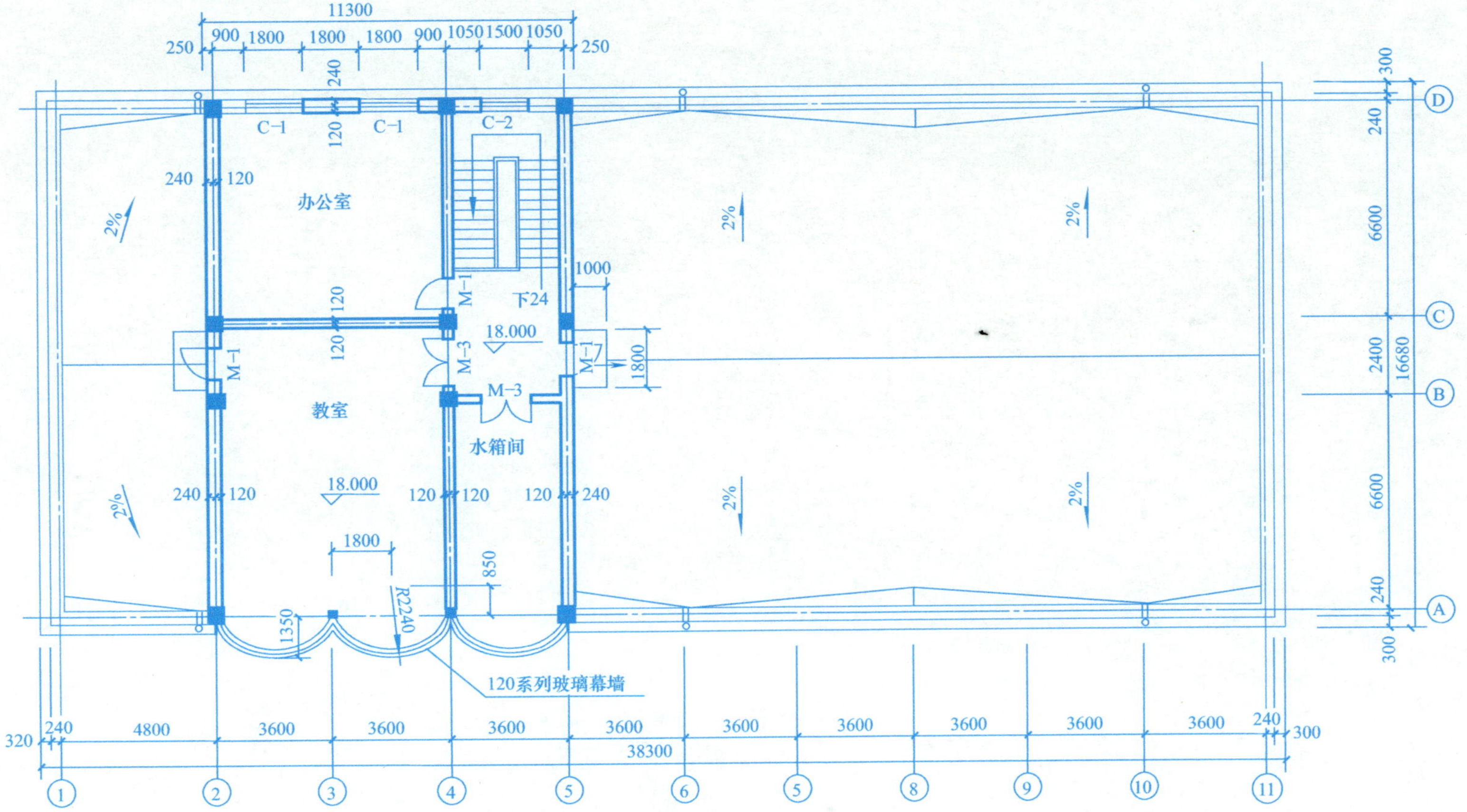

教学楼六层平面图 1:100

班级：　　　　姓名：　　　　学号：

8.3 绘制建筑平面图作业

8.3.1 目的

（1）熟悉建筑平面图的形成方法、图示内容和图示方法。

（2）了解建筑平面图的画图方法和步骤。

8.3.2 内容

用A2图纸抄绘一层平面图，比例1:100。

8.3.3 要求

（1）认真阅读教学楼一层平面图、二至五层平面图和六层平面图。

（2）严格按照教材所讲述的绘图步骤进行。

（3）严格遵守《房屋建筑制图统一标准》和《建筑制图标准》。

（4）所绘图样要图面干净，布置合理，线型正三角，尺寸标注完整；文字注写清晰。

8.3.4 说明

（1）粗实线的宽度取0.7mm，其他线型符合线宽组的要求。

（2）汉字应写长仿宋字，图中说明文字高5mm，尺寸标注高3.5mm，图名文字高10mm，比例高5mm，标题栏内的单位名称、图名为10mm高，其余文字为7mm高。

8.3.5 描图

用描图笔、描图纸进行描图练习，教师应现场演示描图笔的使用方法、描图技巧及修改错误的方法。

班级：　　姓名：　　学号：

8.4 建筑立面图

识读练习，根据后面的立面图填空。

认真阅读教学楼正立面图、背立面图和左侧立面图并填空。

（1）在与建筑立面平行的________所作的正投影图，称为________，主要反映建筑的________________。

（2）建筑立面图有________种命名方式，不论采用哪种命名方式，第一个立面图都应反映建筑的________。

（3）建筑立面图上的尺寸主要以________方式表示，通常要标注________、________和________。

（4）建筑立面图的图示方法，室外地坪线用________线；建筑外轮廓和较大转折处用________线；外墙面突出物如阳台、壁柱、窗台、过梁、门窗洞口等用________线；墙面细部分格如装修分格、门窗分格等用________线。

（5）该教学楼总高为________，局部高为________。正立面图上的门窗分别是平面图中________、________、________房间的门窗，其洞高分别为________、________、________。大门上部的分格表示________。

（6）勒脚采用________装修，高度为________。其余外墙面装修主要用________材料，颜色分别是________、________、________。

（7）从背立面图中可知楼梯间的窗洞高为________，从侧立面图上可看到的窗是________部位的窗，门是________部位的门，其洞高分别是________和________。

教学楼正立面图 1:100

班级：　　　　姓名：　　　　学号：

教学楼背立面图 1:100

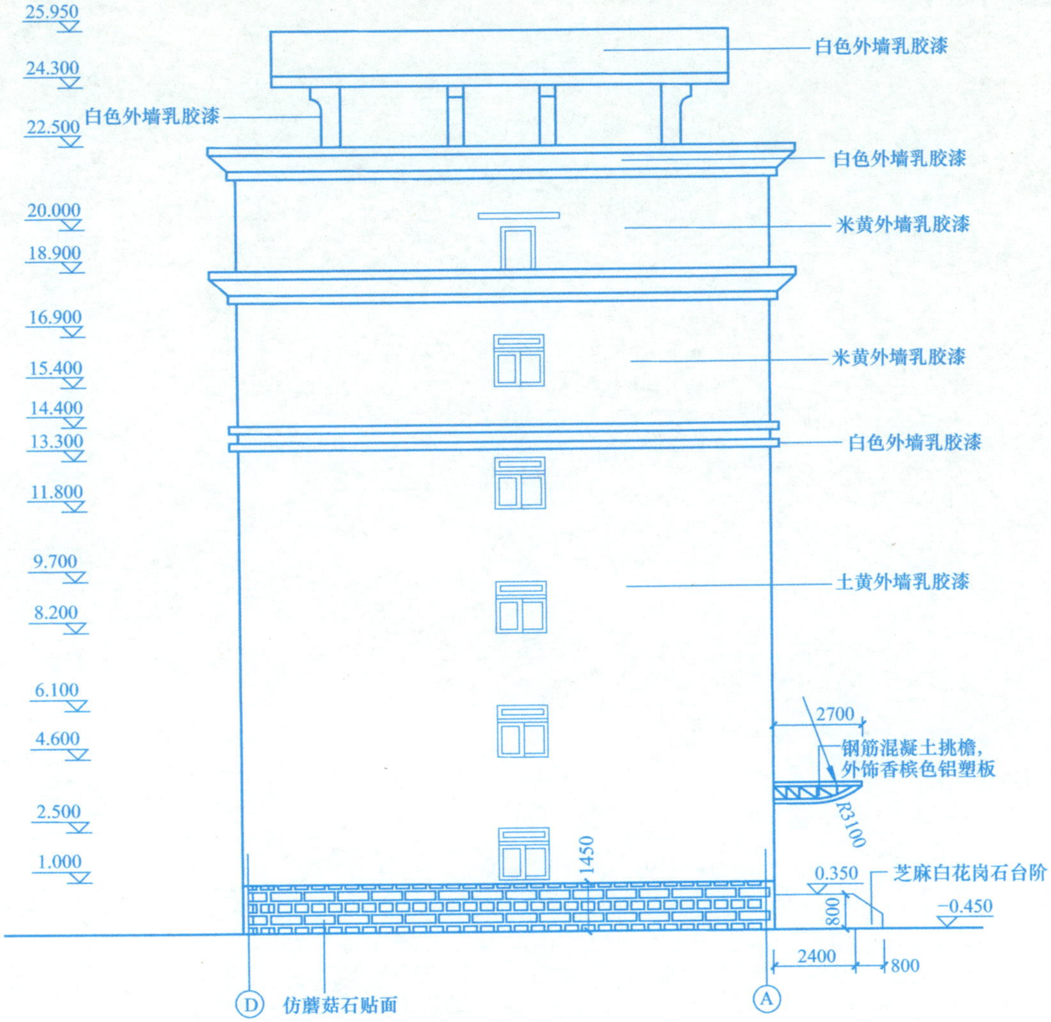

教学楼左侧立面图 1:100

班级： 姓名： 学号：

8.5 建筑立面图作业

认真阅读教学楼正立面图、背立面图和侧立面图，完成教学楼立面图抄绘作业。

8.5.1 目的

（1）熟悉建筑立面图的图示方法和图示内容。

（2）掌握建筑立面图的画图方法和步骤。

8.5.2 内容

用 A2 图纸抄绘教学楼正立面图，比例 1:100。

8.5.3 要求

（1）按照教材所讲述的立面图绘图方法和步骤进行。

（2）严格遵守《房屋建筑制图统一标准》和《建筑制图标准》的规定。

（3）图面干净，线型分明，尺寸标注规范整齐。

8.5.4 说明

（1）粗实线的宽度 $b=0.7$mm，室外地坪线用加粗实线 $4b$，其余线宽按线宽组确定。

（2）左侧标高符号高度为 3mm 的等腰直角三角形，标注时，应使所有标高符号在一条竖线上。

（3）图名用 10 号字，说明文字用 5 号字。标题栏文字大小同建筑平面图。

班级：　　　　姓名：　　　　学号：

8.6 建筑剖面图

识读练习，根据后面的剖面图填空。

（1）建筑剖面图是用一个或一个以上的________剖切平面剖切建筑得到的剖面图，用以表示建筑内部的__________、__________、________、________及________。

（2）剖面图的剖切位置选择房屋的________部位，或构造较为________的部位，如________等。并应尽量使剖切平面通过________。

（3）教学楼 1-1 剖面图是________剖面图，在一层剖切了________、________、________。

（4）从图中可以看到________、________和________墙体被剖切到。

（5）该教学楼层高为________，大门门洞标高为________，雨篷采用________材料装饰。

（6）楼梯一层平台下方地面标高为________，比门厅地面低________；第一个楼梯平台标高为________，第一段楼梯段有________个踏步，每个踏步宽________；整段梯段的长度为________。

（7）屋面排水坡度为________，挑檐宽________、高________。

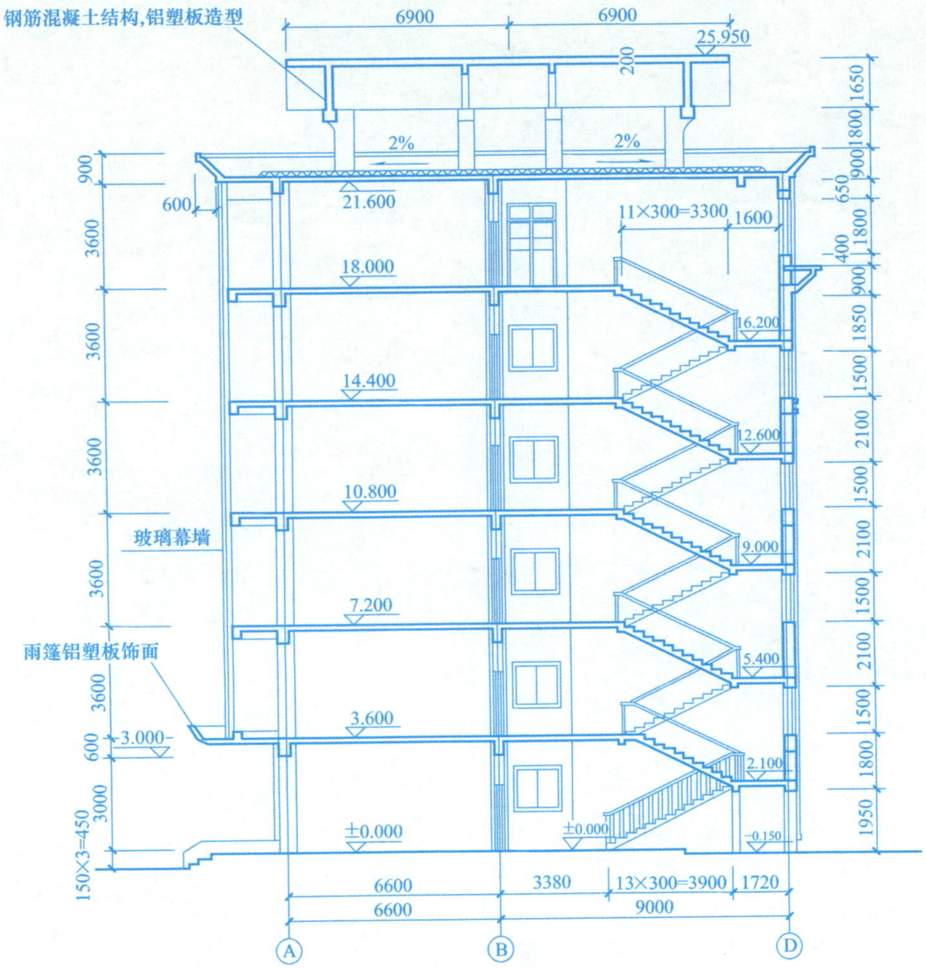

教学楼1-1剖面图 1:100

8.7 建筑剖面图作业

8.7.1 目的

（1）熟悉剖面图的图示内容和图示方法。

（2）掌握剖面图的绘图方法和绘图步骤。

8.7.2 内容

用 A3 图纸抄绘教学楼 1-1 剖面图。

8.7.3 要求

（1）按照教材剖面图的方法与步骤进行。

（2）严格遵守《房屋建筑制图统一标准》和《建筑制图标准》。

（3）图面干净，线型分明，尺寸标注规范整齐。

8.7.4 说明

粗实线宽度 $b=0.7$mm，其余线型接线宽组进行。

班级：　　　　姓名：　　　　学号：

8.8 楼梯详图

识读练习，根据后面的楼梯详图填空。

（1）楼梯是建筑上下层之间的________，目前常用的楼梯材料是________。楼梯一般由________部分组成，分别是________、________、________。

（2）楼梯详图由________、________和________三部分组成。楼梯平面图主要表示________，楼梯剖面图主要表示________。

（3）教学楼楼梯图一共有________跑梯段，每个梯段的踏步数量分别是________，踏面宽________，踢面高________，楼梯段的宽度________，平台的宽度________。梯井的宽度________，楼梯间开间________，进深________。墙体的厚度________，窗洞高________，宽度为________。楼梯栏杆高________。

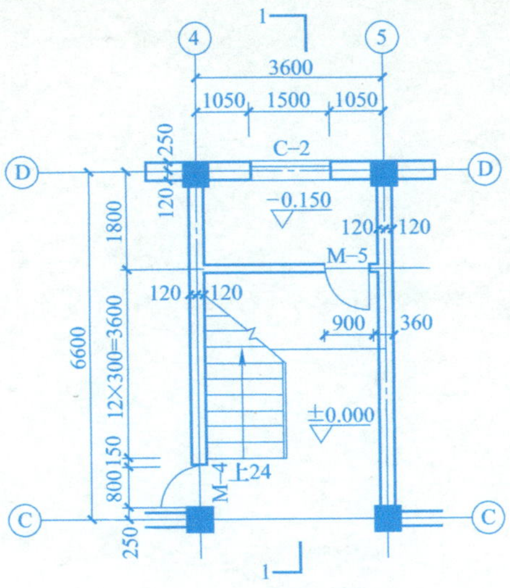

底层平面图 1:50

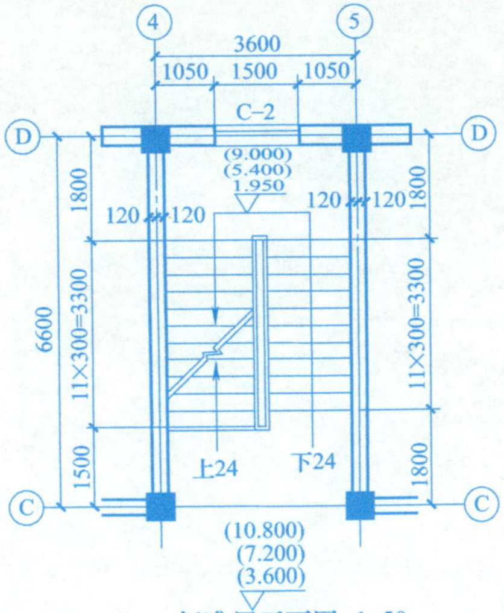

标准层平面图 1:50

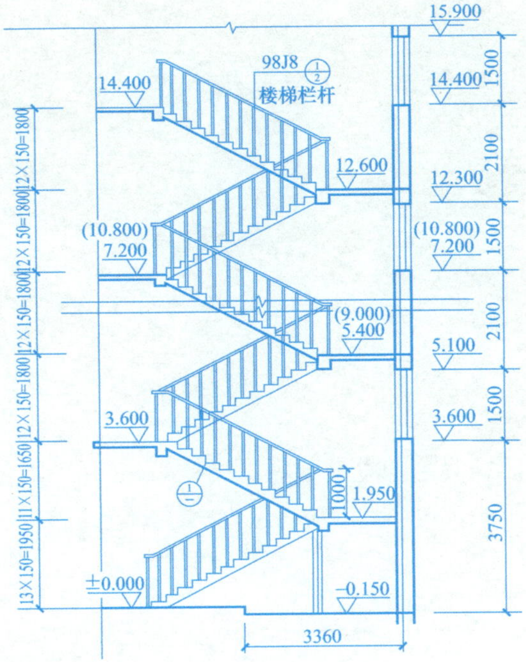

1−1剖面图 1:50

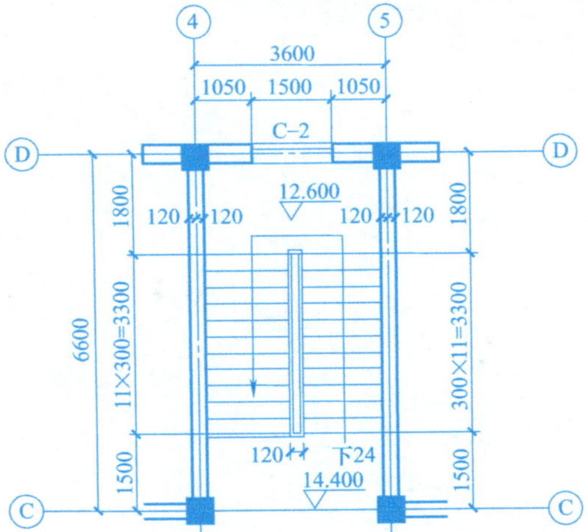

顶层平面图 1:50

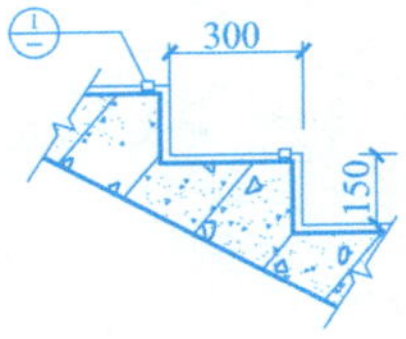

踏步详图 1:20

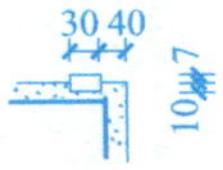

① 1:10

教学楼楼梯详图

9.1 识读并抄绘基础平面布置图及基础详图

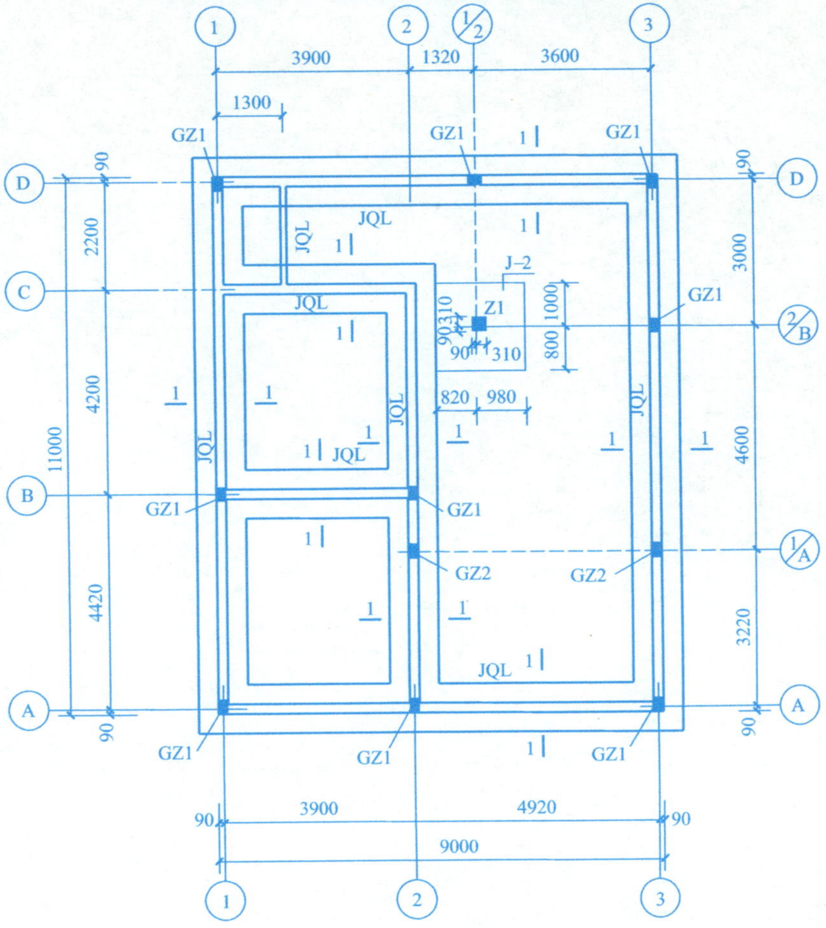

基础平面 1:100

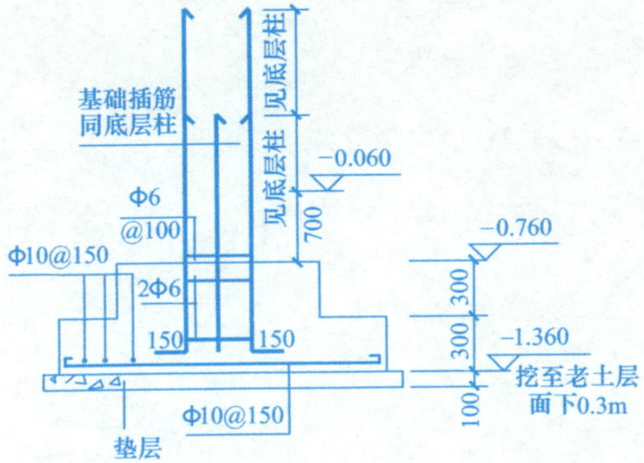

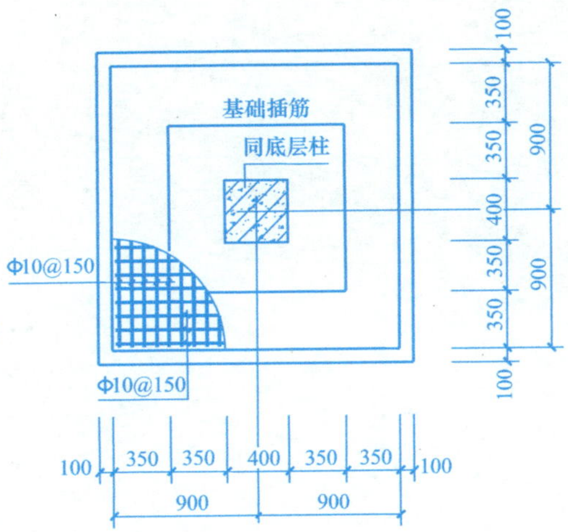

J-1

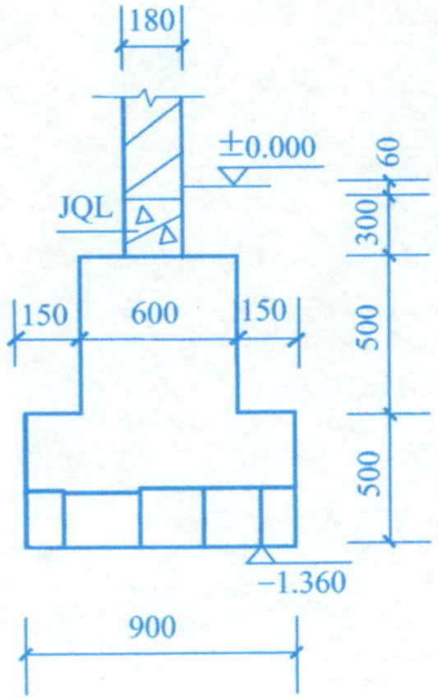

1-1

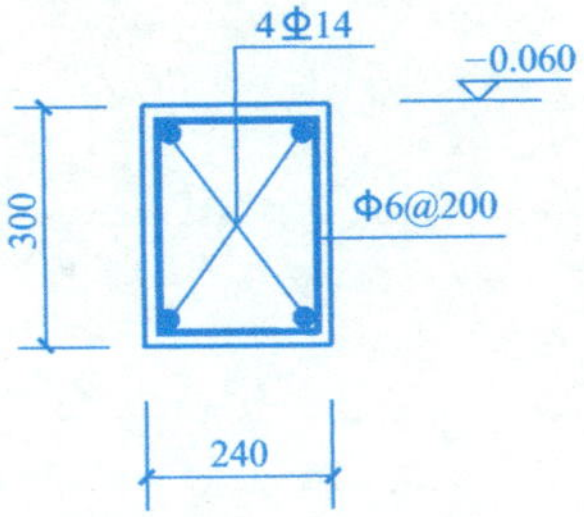

JQL

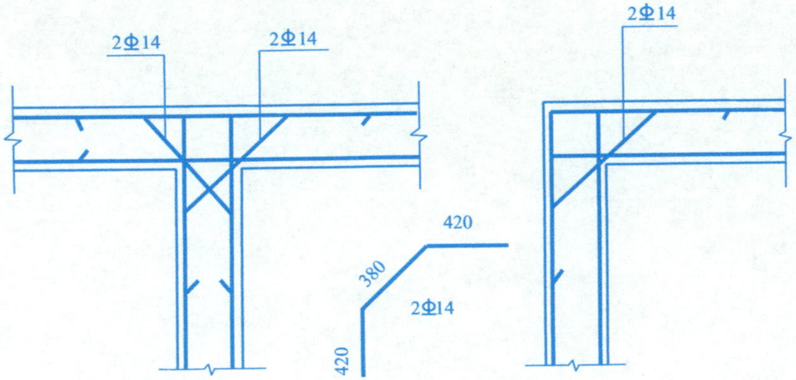

JQL、QL、WQL 交叉转角配筋

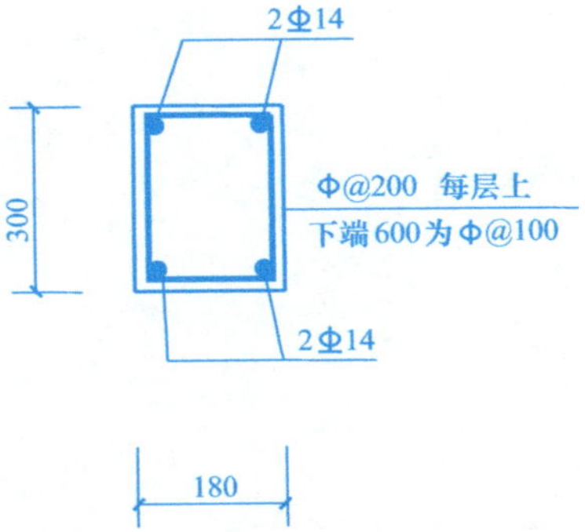

GZ1

（柱顶标高女儿墙顶、坡屋面顶）

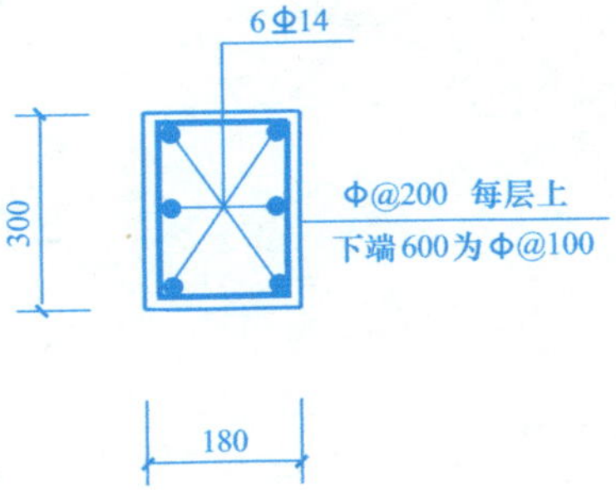

GZ2

（柱顶标高9.790）

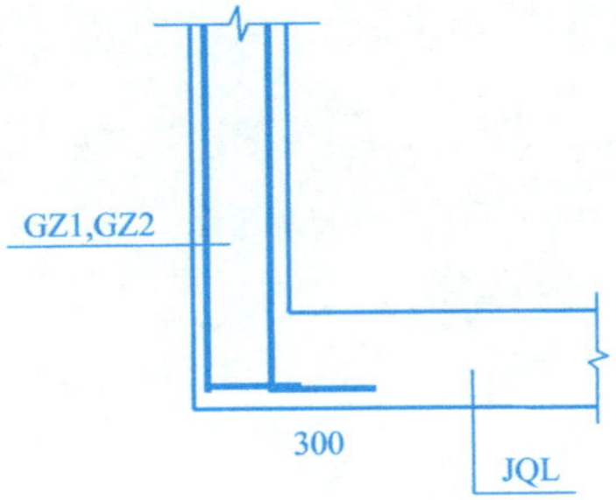

GZ1,GZ2与JQL连接

9.2 识读并抄绘二层结构平面图

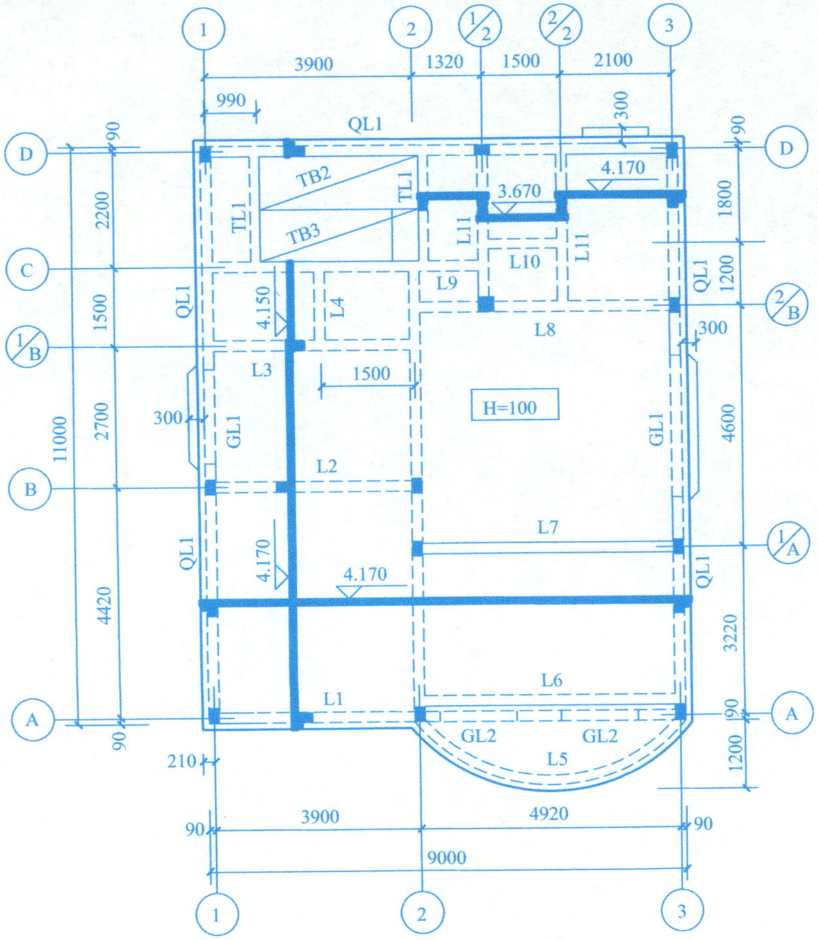

二层结构平面 1:100

9.3 识读并抄绘二层板配筋图

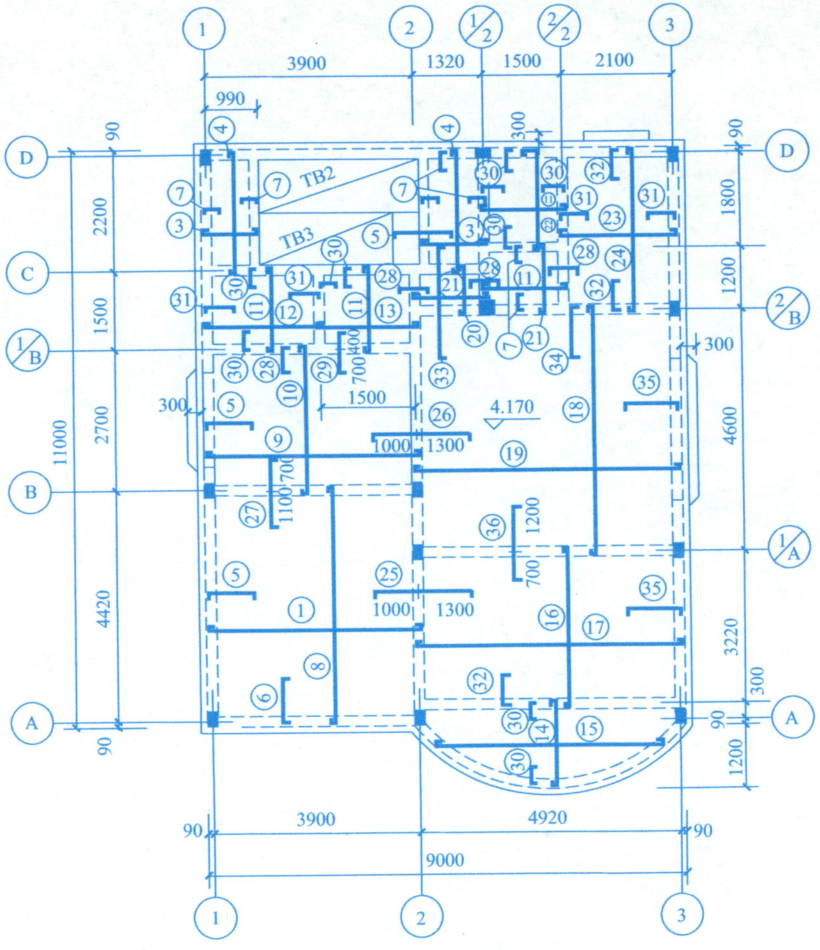

二层楼板配筋 1:100

板筋表

钢筋编号	直径间距	钢筋简图	下料长度	钢筋编号	直径间距	钢筋简图	下料长度
①	Φ8@120	4100	4200	⑲	Φ10@150	5100	5230
②	Φ8@180	8700	8800	⑳	Φ8@200	800	900
③	Φ8@200	1100	1200	㉑	Φ8@200	1200	1300
④	Φ6@200	2200	2280	㉒	Φ8@200	1800 550	2400
⑤	Φ8@200	85 1100 85	1270	㉓	Φ8@200	2200	2300
⑥	Φ6@200	85 1200 85	1370	㉔	Φ8@200	3100	3200
⑦	Φ6@200	85 400 85	570	㉕	Φ8@100	85 2300 85	2470
⑧	Φ8@180	4500	4600	㉖	Φ10@100	85 2300 85	2470
⑨	Φ8@200	4000	4100	㉗	Φ8@120	85 1800 85	1970
⑩	Φ8@200	2800	2900	㉘	Φ8@200	85 800 85	970
⑪	Φ8@180	1600	1700	㉙	Φ8@150	85 1100 85	1270
⑫	Φ8@200	2400	2500	㉚	Φ6@200	85 500 85	670
⑬	Φ8@200	1500	1600	㉛	Φ6@200	85 600 85	770
⑭	Φ8@180	500～1500	600～1600	㉜	Φ8@200	85 900 85	1070
⑮	Φ6@200	1750～5000	1850～5100	㉝	Φ8@150	85 2500 85	2670
⑯	Φ8@180	3300	3400	㉞	Φ8@150	85 1300 85	1470
⑰	Φ8@200	5000	5100	㉟	Φ8@150	85 1400 85	1570
⑱	Φ10@120	4700	4830	㊱	Φ10@100	85 1900 85	2070

班级：　　　　姓名：　　　　学号：

9.4 识读并抄绘下列梁配筋图

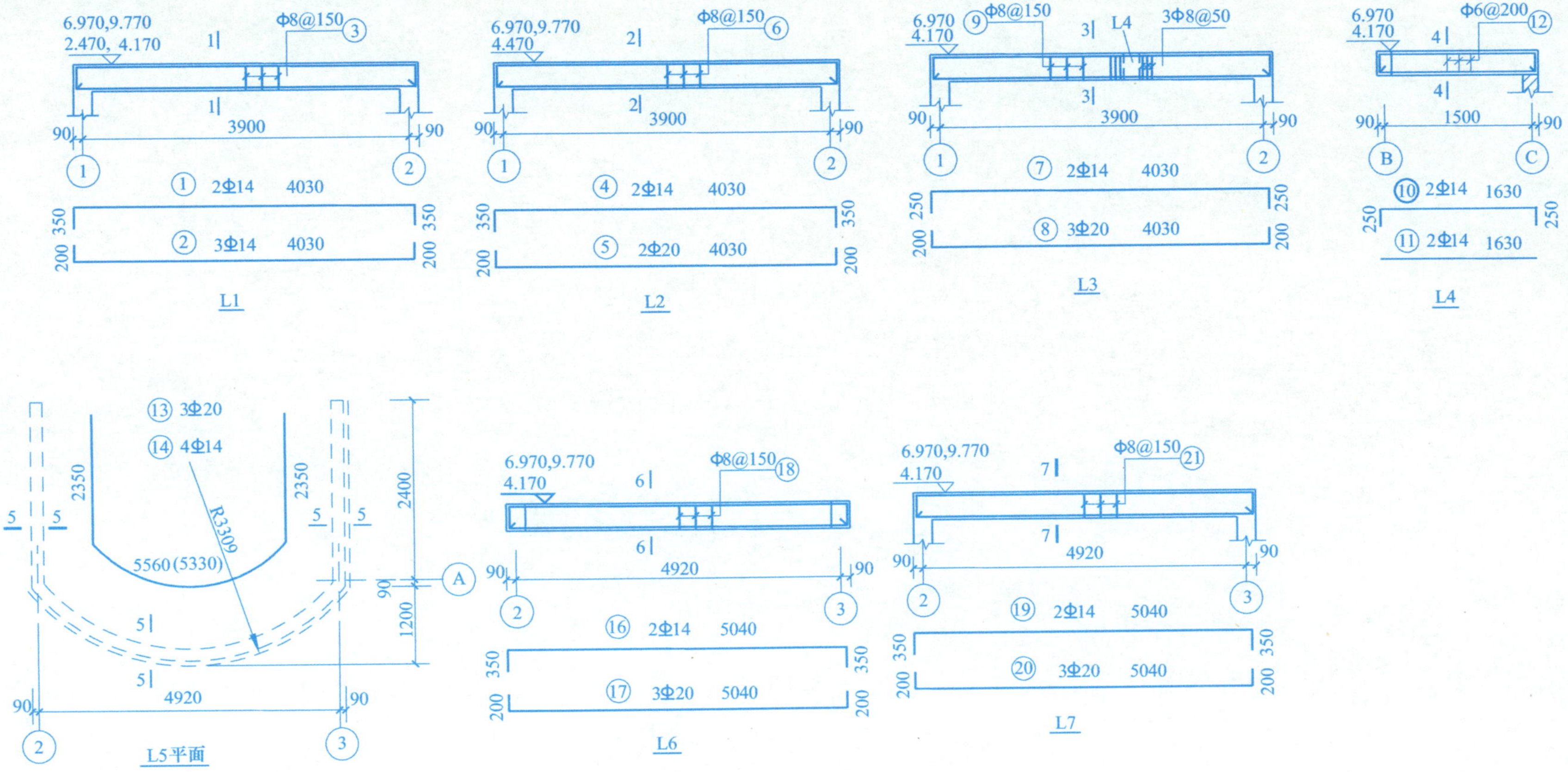

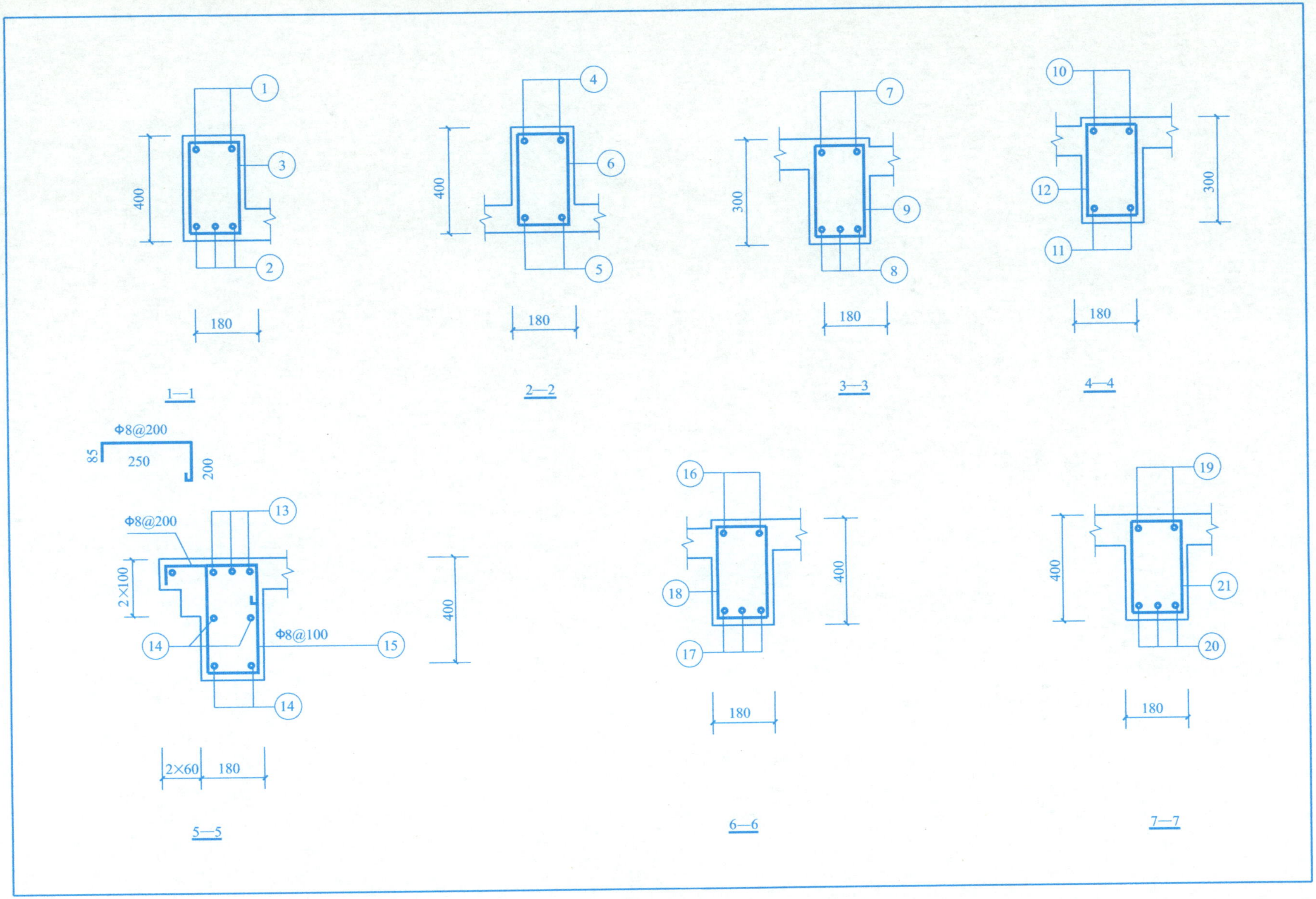
1—1
2—2
3—3
4—4
5—5
6—6
7—7
180
400
300
Φ8@200
85
250
200
Φ8@100
2×100
2×60
1
2
3
4
5
6
7
8
9
10
11
12
13
14
15
16
17
18
19
20
21

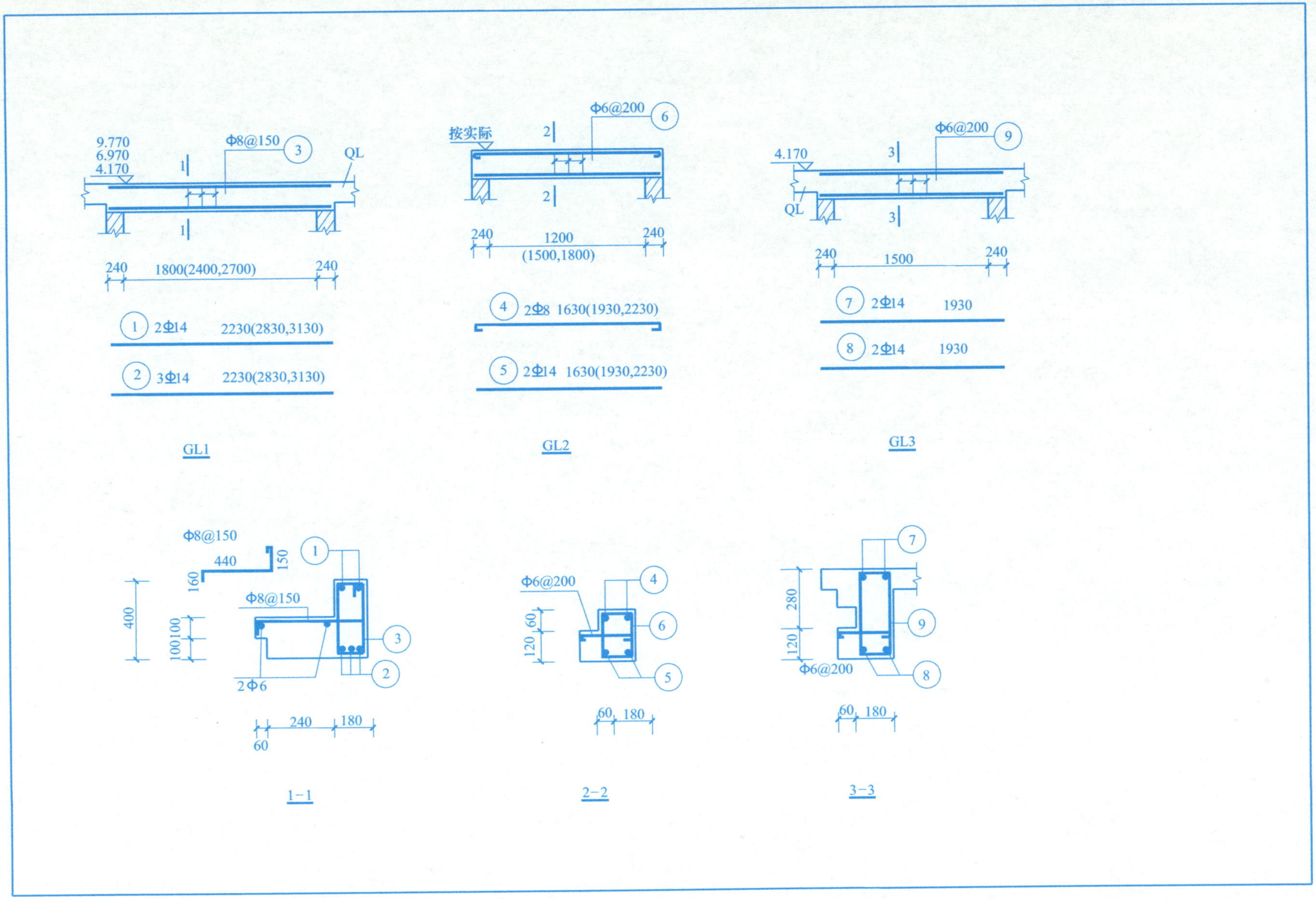
9.770
6.970
4.170
Φ8@150
3
QL
1
1
240
1800(2400,2700)
240
1 2Φ14 2230(2830,3130)
2 3Φ14 2230(2830,3130)
GL1
按实际
Φ6@200
6
2
2
240
1200
(1500,1800)
240
4 2Φ8 1630(1930,2230)
5 2Φ14 1630(1930,2230)
GL2
4.170
Φ6@200
9
3
3
QL
240
1500
240
7 2Φ14 1930
8 2Φ14 1930
GL3
Φ8@150
440
150
160
400
Φ8@150
100100
2Φ6
240
180
60
1-1
Φ6@200
120 60
60 180
2-2
280
120
Φ6@200
60 180
3-3

班级：　　　　姓名：　　　　学号：

9.5 识读并抄绘下列柱配筋图

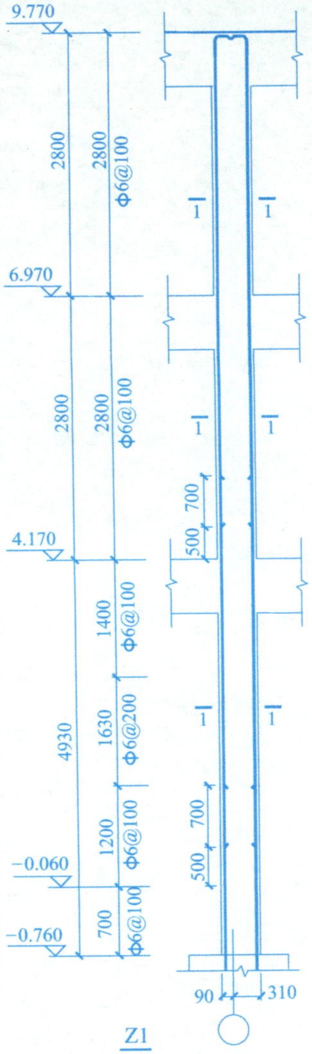

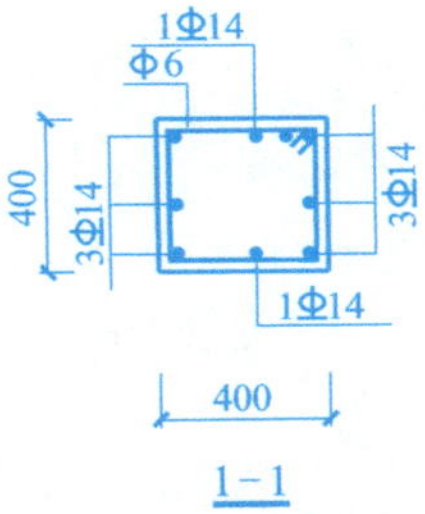

9.6 识读并抄绘楼梯详图

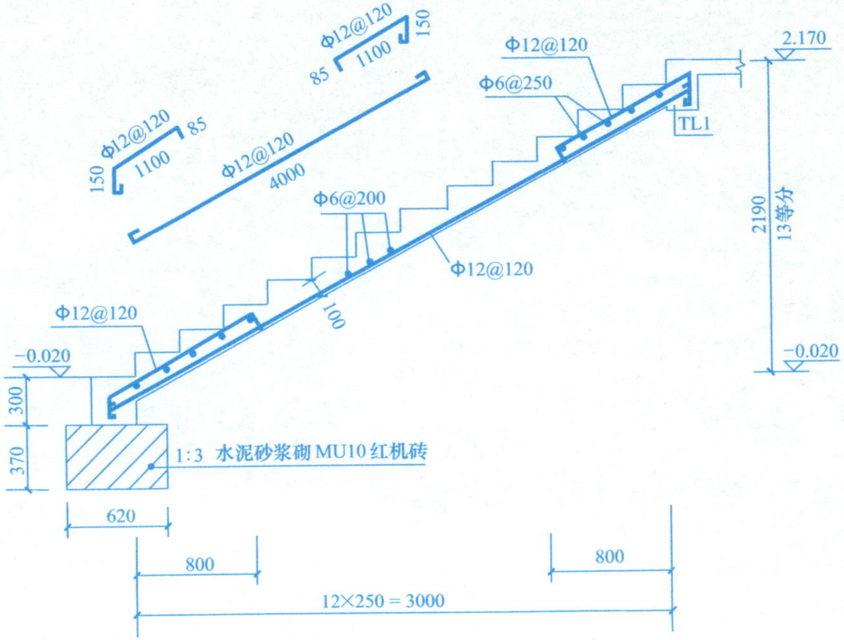

TB1

注:板厚为100,板宽为1010。

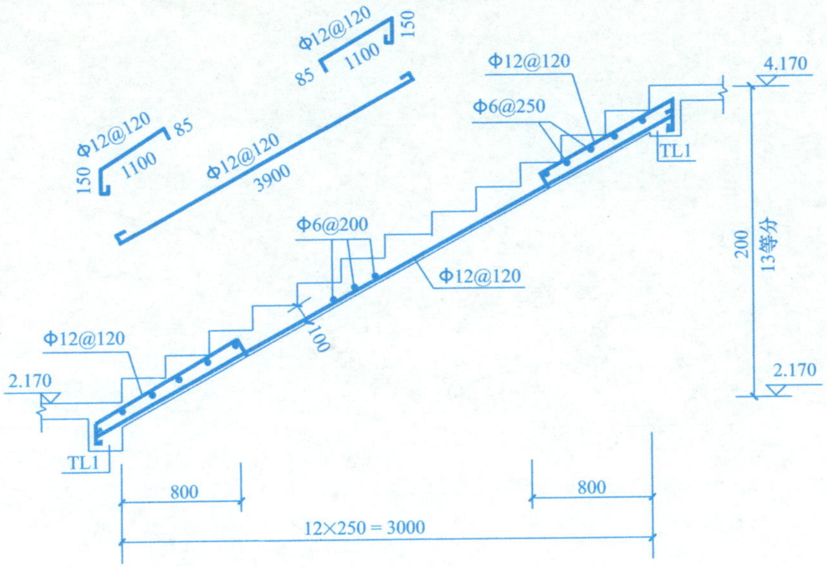

TB2

注:板厚为100,板宽为1010。

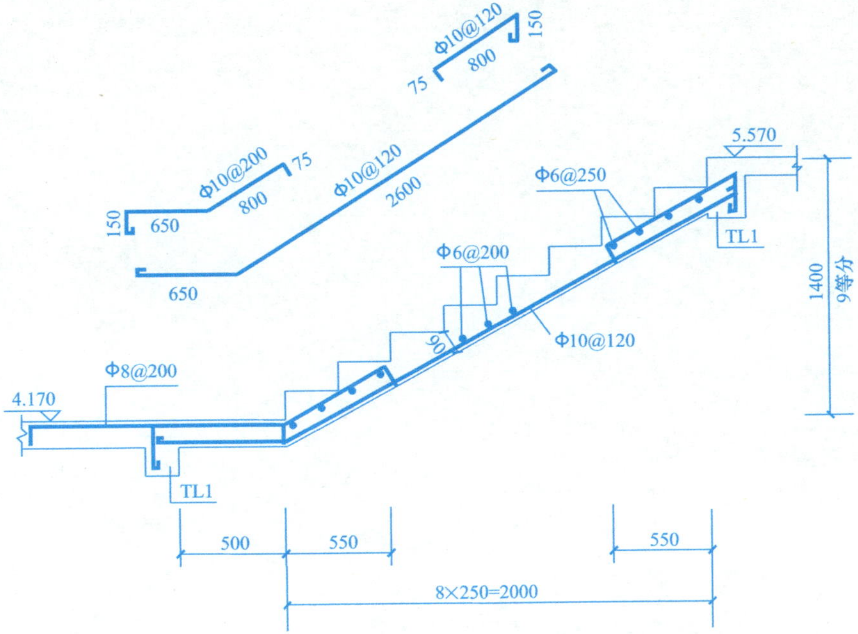

TB3

注：板厚为90，板宽为1010。

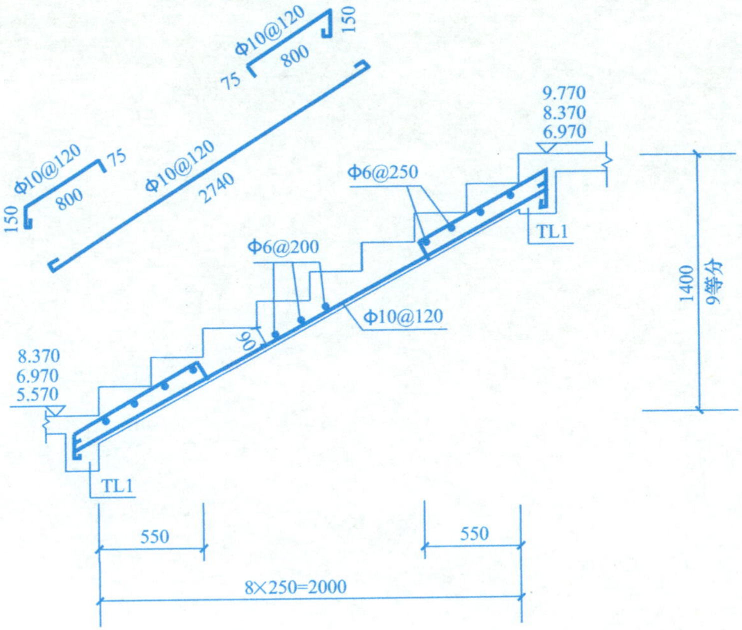

TB4

注：板厚为90，板宽为1010。

21 世纪高职高专规划教材书目（基础课及土建类）

（有 * 的为普通高等教育“十一五”国家级规划教材并配有电子课件）

* *高等数学（理工科用）（第 2 版）
* 高等数学学习指导书（理工科用）（第 2 版）
* 计算机应用基础（第 2 版）
* 应用文写作
* 应用文写作教程
* 经济法概论
* 法律基础
* 法律基础概论
* *C 语言程序设计
* 建筑制图（第 2 版）
* 建筑制图习题集（第 2 版）
* 建筑 Auto CAD2009 中文版建筑 CAD
* 建筑制图与识图
* 建筑制图与识图习题集
* 设计素描
* 构成
* *建筑力学（第 2 版）
* 建筑材料
* 土木工程材料
* 道路建筑材料
* 土木工程基础试验教程
* 建筑工程测量
* 钢筋混凝土结构及砌体结构
* *房屋建筑学（第 2 版）
* *土力学及地基基础（第 2 版）
* 建筑设备
* *建筑给排水
* *建筑电气
* 建筑施工（第 2 版）
* *房地产开发与经营（第 2 版）
* 建筑工程概预算（第 2 版）
* 建筑工程量清单与计价
* 房屋维修与预算
* 建筑装饰装修材料
* 建筑装修装饰构造
* 建筑装饰设计
* 建筑装修装饰设计
* 楼宇智能化技术
* 钢结构
* 多层框架结构
* 建筑施工组织